椰子

王爺葵

台灣百合

收錄常用青草茶植物113種，與24節氣獨家青草茶配方

台灣傳統青草茶植物圖鑑
Plants for Traditional Chinese Herbal Tea in Taiwan

貓頭鷹

目次

喬木及灌木

多年生草本

自製養生青草茶，
你的保健工作做了沒？

一切都要從一通電話與一個緣份說起。

2002年，人在學校的我，突然接到貓頭鷹出版社編輯的來電，要我寫一本有關台灣青草茶圖鑑的書，那時我即將由杏壇退休，手邊也剛好完成《台灣藥草事典》五、六冊及香港版《台灣藥草事典》一至六冊的編纂工作，所以就一口答應了下來。就是這樣的時機因緣，促成及推動了《台灣傳統青草茶植物圖鑑》一書，有了如此充裕的時間，以及自己對寫作一貫的認真態度，我深信這本書將能讓讀者耳目一新，而且能夠在日常生活中應用。

雖然青草茶的材料幾乎都是「中藥草」，但是我想脫離坊間談論藥草「治療功能」的窠臼，單從「養生」及「保健」的角度下筆。我自問，對一般人而言，製作簡單、性質溫和的青草茶，是否能為他們帶來更多好處？是否可以在繁忙的日常生活中落實應用？試想如果我們了解「中藥草」的性質，善用它們來自製一些對養生有幫助的「青草茶」或「生機飲食」來善待自己，沒有勉強入口的中藥味，沒有打著浮誇的療效大旗，只是一壺爽口的青草茶，只是一碟美味的炒野菜，這樣是不是更能在享受生活之際，同時也讓我們更健康、更有活力，也活得更快樂呢？若以健康角度來說，就是老生常談的一句話：保養重於治療。

假如一個人活了百歲，但是五十歲就中了風，試想他的後半輩子應該活得很痛苦吧？連帶也拖累了照顧他的人，這樣的人生，絕對不是一個正常人想要的！當然，我不敢說喝青草茶就不會中風，不過，若能經常飲用適合自己體質的青草茶，我敢保證對身體保健而言，絕對是有益無害的。就如上文所說，保養重於治療，身體固本了，就不容易生病。

目前市售的「青草茶」琳瑯滿目，有攤販私製的，也有不少合格廠商生產上市的，但好處只是方便而已。這些青草茶不可能為你「量身定做」，除了基本的口味合不合之外，更重要的是個人體質問題，比如說低血壓的人不宜喝「菊花茶」，血濁的人不適合飲用「當歸茶」，體質虛冷的人不適合過冷或過熱的「青草茶」，有結石傾向的人要避開灰質多的植物，有尿酸問題的人要避免食用豆類等高普林的食物……身體不適，體內經常躁熱者要禁食油炸、過炒及過煎的食物，如花生、甜不辣，而酸澀的食物則不適合胃腸欠佳的人。記得有一次，一位朋友問我：「李老師！為什麼我喝了菊花茶後，總是感到很疲倦呢？」我立刻問他：「你有沒有量血壓？」他說：「我是低血壓。」「那就對了！因為菊花本身是降血壓的藥草，難怪你會感到疲倦了。」我斬釘截鐵地告訴他。

所以要特別提醒讀者的是；切勿在不知體質的情況下，胡亂飲用青草茶，否則只有百害而無一益！植物有寒涼溫熱，人的體質亦然，所以怎能不慎呢？此外，部分市售飲料還添加人工甘味料、防腐劑及人工色素等物質，吃進身體一無好處，恐怕連解渴都有問題。常聽到有人抱怨：喜宴中喝多了碳酸飲料，到了晚上口乾舌燥、不易入眠。所以還不如自己親手製作「青草茶」來得可靠又安全呢！

　　煮青草茶一般都以調到溫性、平性為佳，因為溫性、平性比較能適應大部分人的體質，同時也能讓因體質異常而不能隨意飲用青草茶的人可以從中受惠，這也是我寫這本書所依據的準則及目的。本書一共收錄113種比較常使用的青草茶植物，並按照喬木及灌木、多年生草本、一年至二年生草本以及其他四大類詳加敘述，方便讀者參閱。

　　《台灣傳統青草茶植物圖鑑》，初版是在2007年5月出版，它是我寫的第11本書！很巧的是經過11年後的今天進行改版，內容更豐富，還新增了24種養生茶，希望將自然與健康帶給大家！

作者　李壹娉

如何使用本書

　　本書對「青草茶」的定義是：中藥草中沒有毒性，經調配後味道可口，熬成汁時可當飲品，經常飲用既不傷身，又可消暑去寒的天然植物茶。台灣可用來熬煮青草茶的植物不勝枚舉，本書選錄其中的113種，這些都是台灣常見也經常使用的青草茶植物，並依其生長習性，分為喬木

本種植物所屬科名　　　　　本種植物在分類學上的屬名

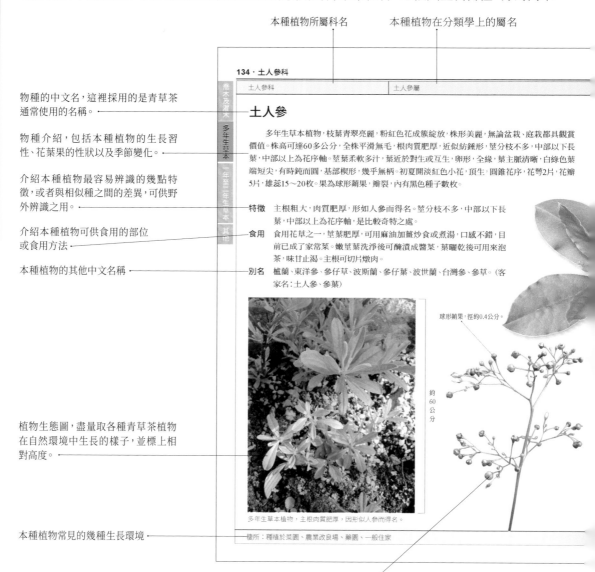

物種的中文名，這裡採用的是青草茶通常使用的名稱。

物種介紹，包括本種植物的生長習性、花葉果的性狀以及季節變化。

介紹本種植物最容易辨識的幾點特徵，或者與相似種之間的差異，可供野外辨識之用。

介紹本種植物可供食用的部位或食用方法。

本種植物的其他中文名稱

植物生態圖，盡量取各種青草茶植物在自然環境中生長的樣子，並標上相對高度。

本種植物常見的幾種生長環境

134．土人參科

土人參科	土人參屬

土人參

　　多年生草本植物，枝葉青翠亮麗，粉紅色花成簇綻放，株形美麗，無論盆栽、庭栽都具觀賞價值。株高可達60多公分，全株平滑無毛，根肉質肥厚，近似紡錘形，莖分枝不多，中部以下長葉，中部以上為花序軸。莖葉柔軟多汁，葉近於對生或互生，卵形，全緣，葉主脈清晰，白綠色葉端短尖，有時鈍而圓，基部楔形，幾乎無柄。初夏開淡紅色小花，頂生，圓錐花序，花萼2片，花瓣5片，雄蕊15～20枚。果為球形蒴果，瓣裂，內有黑色種子數枚。

特徵　主根粗大，肉質肥厚，形如人參而得名。莖分枝不多，中部以下長葉，中部以上為花序軸，是比較奇特之處。

食用　食用花草之一，莖葉肥厚，可用麻油加薑炒食或煮湯，口感不錯，目前已成了家常菜。嫩莖葉洗淨後可醃漬成醬菜，葉曬乾後可用來泡茶，味甘止渴。主根可切片燉肉。

別名　檻蘭、東洋參、參仔草、波斯蘭、參仔葉、波世蘭、台灣參、參草。（客家名：土人參、參葉）

球形蒴果，徑約0.4公分。

約60公分

多年生草本植物，主根肉質肥厚，因形似人參而得名。

棲所：種植於菜園、農業改良場、藥圃、一般住家

本種植物的果實，拉線說明其主要特徵。

及灌木、多年生草本、一年至二年生草本及其他四類。在此以跨頁篇幅介紹植物個論的編排內容。

拉丁學名，含命名者

根去背圖，並以拉線圖說指出其特殊之處。土人參全株都有用處，但是利用最普遍的部位是根。此外，由根部的形狀就可知道其命名緣由。

土人參科・135

Talinum paniculatum (Jacq.) Gaertn.

花繁紅色，花梗細長。

根肉質肥厚，形如人參。

莖中部以上為花序軸

葉卵形，全緣，主脈清晰。

莖中部以下長葉

邊欄色塊快速區分四大類青草茶植物，一目了然。

去背主圖：清晰的去背圖片，以拉線圖說的方式說明本種植物花、葉、果等特色，有助於辨識。

本種植物的開花狀態。有些植物另附上花的特寫去背圖，可以清楚看出該種植物的花形與細部構造。

詳列本種植物在藥（醫）典或民間應用上的主要對治症狀，如果花、果、葉、根的療效不同，會分別註明。

用途

性平、無毒，有補中益氣、潤肺生津、涼血等功效，可治病後體弱、癆傷咳嗽、遺尿、月經失調、內痔出血、乳汁不足、脾虛勞倦、消炎、鎮痛、尿毒症、糖尿病、多尿症。外用以鮮草搗敷，可治癰腫。

利用部分：全草

本種植物可供藥用的部位，「全草」表示全株都可利用。

特別注意：本書所載藥草療效僅供參考，有關疾病診斷、建議、治療、處方應以合格醫師指示為準，醫療相關問題仍應請教專業醫療人員。使用本書所列藥草之前請徵詢藥草專家意見，了解需注意事項與相關禁忌，務必謹慎使用。

什麼是青草茶植物？

青草茶不是中藥，不論是木本或草本，大多數的青草茶植物都是我們常見的植物，且幾乎都具有一定的特性：屬性溫和，有去熱及解渴作用。因此，青草茶不像中藥材一樣，大多數的青草茶植物都不具針對性——針對某個疾病治療，更為適切的說法，應該是說青草茶是日常養生用的「保養品」。

不要誤解了，青草茶不等於中藥

　　一般人常常會把「青草茶」和「中草藥」相提並論，甚至混淆不清，其實兩者最主要的差別，就像「藥膳」與「中草藥」的關係一樣，一個是重在「平時養生」，而一個是為了「治療病痛」。此外，「中草藥」所涵蓋的範圍更廣且是全面性的，換句話說「中草藥」包括了「青草茶」，但「青草茶」只是「中草藥」的其中一小部分而已。

　　既然「中草藥」著重在「治病」方面，所以使用時更必須詳細了解藥用植物的屬性，包括藥效、用量和性味等；而目標放在「養生」上面的「青草茶」，在平常使用時，只需了解其藥性及如何調配即可。「中草藥」講究的是治病，對於藥性的寒涼溫熱、酸苦甘辛鹹、有沒有毒、藥材用量以及能治什麼病，都一定要摸得一清二楚，因為正如清朝名醫葉天士所說「藥餌為刀刃」，「醫術不精，胡亂投藥」，就不是「救人」，而是「殺人」了。至於青草茶的應用就沒有那種「差之毫里，失之千里」的顧慮，只要知道使用植物的寒涼溫熱屬性，並確定有無毒性，再搭配自己的體質來「調配」出適合自己口味的飲料就行了。

自己動手煮青草茶

　　因此，我們可把「青草茶」的定義擴大來看，即「凡中藥草中沒有毒性，經調配後，味道可口，熬成汁時可當飲品，經常飲用既不傷身，又可消暑去寒的天然植物茶」。

像松葉牡丹這種常見的觀賞花卉，也是民間常用的青草藥，全草有消腫清熱的功效。

　　然而，我所說的青草茶的味道，和中草藥的「味」又是兩回事了。「中草藥」的「味」包括「酸苦甘辛鹹」五種，即中醫術語所說的「五味」，是指藥用植物的「屬性」，用來搭配五行（木火土金水）、五色（青赤黃白黑）、五臟（肝心脾肺腎）及五病（筋骨肉氣血等病症）。青草茶的味道，則是單單指我們味覺中單純的感覺而已，所以只要你能熬出味道香濃、可口好喝、甘溫爽口、無副作用的青草茶，就是一級棒的養生飲品了。

　　為了要讓讀者與愛好青草茶的朋友，能在平日就輕鬆準確地自己調製出適合本身體質，同時又能滿足美味需求的青草茶，本書選輯的都是一些平日常見、具有珍貴養生特質的植物。當然，除了本書選介的植物之外，還有許多可以調製天然青草茶的植物，專賣青草的店家應該都能為顧客提供相關的資訊。

馬鞭草有活血散瘀的功效。

闊葉骨碎補，多年生植物骨碎補是傷科治療上的要藥，常攀爬在岩壁或喬木上。

關於青草茶的發展

解渴、去熱、退火、消炎等效果，幾乎已成為青草茶的共通特色，可以熬煮青草茶的植物琳瑯滿目，而且大多數是尋常可見的植物種類。正因為普遍且易得，青草茶也就成為台灣民間習慣使用的日常養生飲品。

青草茶與中藥草的關係

　　談到青草茶和中草藥到底誰先誰後的問題，就如同「先有蛋還是先有雞」的情況一樣，迄今還是無解，可謂見人見智。也許咱們的祖先在找尋青草治病的當兒，卻發現許多植物草藥都有解渴、去熱、退火、消炎等功用，不但氣味清香，而且也不難喝，所以就被應用到日常飲料上，而成了「青草茶」了。或許，我們也可以這麼認為：當人們摘取野生植物當家常菜或熬煮成湯飲時，無意中發現了這些植物對某種疾病有一些治療效果，或對身體的某個臟腑有所助益，再經繁複的驗證確認，最後就被用到治病上，再加上有心人的研究與推廣，就成了名副其實的「中藥草」了。

　　不論如何，「青草茶」與「中藥草」彼此相輔相成，以及藕斷絲連的微妙關係是絕對不容質疑的，所以誰先誰後就沒那麼重要了。

安石榴的果皮、根、花皆可入藥，石榴皮有明顯的抑菌和收斂功能，石榴花有止血功能。

昭和草是一年生草本植物，隨地可取，是非常理想的野外求生食物，也是經常使用的青草藥。

青草茶的興起

　　前文已經說過，「中藥草」重在治病，「青草茶」重在解渴、去熱、退火、消炎。因此，就治病角度來看青草茶，效果當然不及中藥草明顯與快速，但是卻安全多了；就使用上來說，更是方便多了。使用青草治病是一門高深的學問，你必須通盤了解藥性、藥理、藥量以及有關人體的組織運作搭配，換句話說，你最好是個中醫師，否則一般人自行使用青草治病，很容易就會出差錯，稍有不慎就會傷害身體健康。相反的，以屬性溫和的青草為茶就容易多了，只要了解幾種慣常使用的青草特性，當成日常茶飲使用，一般來說都不會有問題。

　　要追溯青草茶的起源，可能與以往抓藥治病的習慣有所淵源。過去人們抓藥治病，從中藥房提著一大包藥回家熬煮，把一、二十種的中藥材放入藥罐，按照醫師的指示放下三至六碗水同煮，好不容易花了一、二個鐘頭熬出一至一碗半的藥汁，當病人把藥喝下後，未必就能夠藥到病除，不過卻發現某些症狀倒是減輕了或消失了。這些減輕或消失的症狀，都與解渴、去熱、退火、消炎等效果有關，而此一發現也種下了「青草茶」從「中藥草」分離出來的啟蒙種子，經過日積月累不斷體驗後，排除了一般青草中帶有毒性成分的植物種類，發現幾乎有半數以上的植物或多或少都具有以上所說的作用。因此，一旦有口渴、臟火上升、身體發熱或發炎等小毛病後，民眾就會自行選用青草來調配飲品。此外，有些青草茶不但沒有中藥難以入口的藥味，甚至還會自然散發出清甜的口感，搭配上冰糖更是順口好入喉，所以被當成日常飲料也就理所當然了；加上國人一向有日常飲茶的習慣，「青草茶」一詞便和我們的生活緊密相連了。

用來熬煮茶飲的青草屬性溫和，可供日常飲用。

　　想要煮壺「青草茶」來喝，不見得要跋山涉水到野外採摘青草，也許你家院子或陽台的盆栽就有現成的植物可以派上用場。當然最方便可靠的方法，就是走一趟專門的青草市場。目前台灣各地都有人在市集販賣青草，也有發展成較大規模的青草藥集中市場，例如台北萬華市場的青草街、高雄市的三鳳中街、高雄市甲仙區甲仙橋邊的假日市集、屏東市花市等等。

　　除了青草市場，台灣也有頗具規模的「青草茶」植物種植場，例如台東農業改良場、高雄市阿蓮區光德寺藥草園、高雄市美濃區德旺山莊藥用植物園、屏東市頂宅街的新茶園、桃園市龍潭區崀崙藥用植物園、台北市內雙溪藥用植物園、林務試驗所蓮花池藥用植物園等。

青草茶重在解渴、去熱、退火、消炎，台灣有許多常見的青草都能用來熬煮出味道甘美的青草茶。

逛一趟賣青草的攤位，可以見到形形色色的青草。

青草茶植物生活化

青草植物除了入藥 (中藥草) 和熬汁成茶 (青草茶) 外,也出現了許多衍生性產品,例如青草精油、青草餐飲、青草生機飲食、青草精油SPA等等,都與我們的生活或保健有關。

青草精油

即從一般青草植物的花、葉、根、果、種子或樹皮中,利用蒸餾、壓榨、溶解以及吸香等方法來萃取其精髓。這些萃取物一般稱為精油、芳香油或揮發油,目前已經開發出來且已經上市的產品琳瑯滿目,不下五百種,而且有越來越多的趨勢。不過,可以普遍使用的約僅百種而已,因為有些會引起較為急遽的反應,對過敏性皮膚的人、孕婦、嬰幼兒、體弱多病者,或有精神耗弱異常、高血壓、癲癇、中風等毛病的人並不適合使用。然而,透過浸泡、薰香、按摩等方式 (以上方法即東南亞一帶國家風行已久的芳香療法,後來也發展成了國際觀光旅遊的一部分) 來外用,也可以達到舒緩身心靈的功效,促進血液循環、消除疲勞,同樣能達到養生美容、疏導情緒的目的。

芳香療法

這種使用植物萃取精油的芳香療法,單一療程約需一至兩個小時,近年來在台灣也相當盛行,可以幫助上班族紓解壓力、回復精神。一般的SPA館,使用精油的療程項目包括:(1) 體內淨化:以蒸汽浴方式,透過張開的毛細孔吸收精油,淨化體內積鬱。(2) 足部護理:使用芳香精油、新鮮花瓣、海鹽,搭配浮石、火山岩、鵝卵石來搓洗足部皮膚,刺激循環,去除老舊細胞,促進新陳代謝。(3) 直接吸嗅:透過燃燒精油燈來薰香精油,或藉水蒸汽讓精油的芳香散發出來,再經由呼吸來達成提神解鬱的目的。(4) 精油按摩:以指壓或油壓方式,使用精油來進行全身按摩,可以達到放鬆身心、促進循環、改善肌膚與雕塑全身曲線的功效。(5) 腳底按摩:透過專業按摩師,使用精油在腳底的人體反射區進行按摩,可促進血液循環,並平衡內分泌,讓各臟腑都能舒暢,減少疲勞痠痛。(6) 頭部舒壓:以精油來按摩頭部穴道,可減緩精神壓力、放鬆心情及解除緊張。(7) 淨化身心:在按摩療程結束後,喝一杯適合個人體質的青草茶,一來有助於排出體內毒素,二來可以補強精油療程的效果。

薄荷是有名的香藥植物,性溫、味辛、無毒,有驅風止咳、發汗解熱的功效。

經常使用的植物精油

目前台灣芳香療法使用較為普遍的單方植物精油，包括：

薄荷精油：對治感冒、頭痛、鼻塞、暈車、嘔心。

薰衣草精油：對治感冒、哮喘、高血壓，也具有健脾胃及淡化疤痕的效果。

檀香精油：具有柔軟皮膚、滋潤肌膚、減緩老化、安神定心等功效。

蓮花精油：具有柔軟皮膚、抗老化及治青春痘等功效。

氣味清香的茉莉花也是精油經常使用的原料。

迷迭香精油：具有催情、改善性能力及鎮靜抗憂鬱等作用。

尤加利精油：對治感冒、氣喘、風濕、燙傷或發炎的效果佳。

檸檬精油：具有除雀斑、美白皮膚、減肥、去粉刺、淡化老人斑等功效。

茉莉精油：可抑制皮膚過敏、咳嗽、分解尼古丁、淡化疤痕。

蘋果精油：有減肥、加速傷口癒合、止痛及治療鼻竇炎等功效。

玫瑰精油：有舒緩經痛、改善貧血、強化微血管等功效。

葡萄柚精油：對於高血壓、強化中樞神經及減輕失眠症都有功效。

夜來香精油：具有抗菌、除粉刺、除體臭、益肝腎等功效。

麝香精油：可抑制皮膚過敏、抗菌、排毒及治燙傷等。

漂亮的玫瑰提煉成精油後，也是護膚聖品。

「精油」是高附加價值的商品，當然其成本也高，85顆檸檬只能萃取出約30公克的精油；而30公克的玫瑰精油，甚至要用掉六萬朵玫瑰。將植物提煉成精油，是農業史上的大革命，尤其對加入WTO後的台灣農業而言，可視為台灣農業再造的一大契機。

青草餐飲

地處亞熱帶的台灣，溫暖濕潤的氣候有利於青草植物的生長，不僅種類繁多，而且幾乎

遍生於台灣各地。除了各種野生的青藥草植物之外，也有一些經由人工栽培馴化作為糧食或蔬果。不過，尚有很多普遍可見的植物具有某些珍貴的養生保健特質，卻因我們的無知而不識其真面目，任其暴殄天物，實在可惜。

　　如果我們能學會辨識這些植物，並多方研究、利用，野草也能變成美味的盤中飧，不但能吃出野菜的原汁原味，還能達到養生保健的「食補」功效，更能豐富及增加許多用餐樂趣，可謂一舉數得。以下僅舉兩道青草創意料理為例，並告訴你哪些青草可以當成家常菜的材料。

椰子盅

材料：椰子1顆、排骨半斤、酒浸紅棗或黑棗5～10顆、蓮子5～10顆。

佐料：鹽約1小匙。

做法：1.先把椰子由蒂下約4～5公分處切開留下當蓋子，然後倒出椰子汁置於一旁。

　　　　2.排骨放入鍋中煮熟後撈起備用。

　　　　3.將撈起的排骨放進椰子殼中，陸續擺入蓮子和紅黑棗，再倒入先前的椰子汁約八、九分滿，以能淹蓋住以上材料為宜，最後再蓋上切下的椰子蓋。接著，放入盛水的缽子中燉煮，先開大火，水開後轉小火，燉到排骨爛熟為止，約需2個小時，取出即可食用。

桑醬五花肉

材料：視食用人數而定，嫩桑葉心10～20枝、五花肉薄片10～20片。

佐料：醬油2～4小匙。

做法：1.把嫩桑葉心沿著盤子，由內往外擺好。

　　　　2.把五花肉薄片壓放在嫩桑葉心上面，淋上醬油。

　　　　3.以耐熱保鮮膜覆蓋，放入蒸籠或鍋中蒸至爛熟食用。

桑樹的用途廣泛。

椰子

　　你在野外或庭園中見到的許多植物都可供食用，其中不乏大家熟悉的野外求生或救荒食物，也有些植物的食用或藥用價值卻受到多數人所忽略，以下介紹幾種植物的食用部位以及在藥理方面的功效。

山蘇：烹煮部位是嫩葉。可素炒，也可配小魚乾、豆豉炒食。

野薑花：烹煮部位是花和新芽。新芽細切成絲，可煮蛋花湯、文蛤湯、鮮魚湯，也可炒肉絲或豆腐；花可用來煮飯、煮湯、炒食、沾麵粉油炸或曬乾泡茶飲用，有治失眠的功效。

構樹：烹調部位是嫩葉、雄花穗和果實。嫩葉、雄花穗可做糕粿；雄花穗可醃漬或油炸；果實可供生食或製果醬。

土人參：烹調部位是嫩莖葉和根部。嫩莖葉可直接炒食或煮湯，也可醃漬食用；主根可以切片煮湯。

落葵：烹調部位是嫩莖葉。可直接炒肉絲或入蒜泥素炒，汆燙後加香油、豆瓣醬拌食也佳。

麵包樹：烹調部位是成熟的果實和種子。果實可以切塊烤食或炸食，有麵包般的香味；種子可供烤、炸、煮等，味道似花生。

蛇莓：烹調部位是成熟的果實。可生食，也可製成果醬或加糖醃漬成甜食。

七里香：烹調部位是花和成熟的果實。花曬乾後可泡茶或加入湯中來增添香味；成熟果實可生食或醃漬後食用。

木槿：烹調部位是嫩芽葉和花朵。嫩芽葉先汆燙過，再撈起炒食；花朵可拌蛋汁糊麵裹之油炸，香酥可口。

昭和草：烹調部位是嫩莖葉。先用開水燙除苦澀味後，再拌蒜泥炒食；或燙熟後直接拌香油、蒜泥、醬油食用。

構樹（楮樹）可食用的部位是嫩葉、雄花穗和果實。

昭和草是著名的野菜，取嫩莖葉先用沸水燙除苦澀味之後，再拌蒜泥炒食。

保健生機飲食

人體構造精細而複雜，想要保健及養生可從多方面著手，由食補下手是個安全有效的方法。如果能在自然又健康的有機飲食中，加入幾味具有保健功效的青草，那更是相得益彰了。

「生機飲食」是近幾年來在台灣非常流行的飲食文化，有人特別將這類飲品稱為「精力湯」，顧名思義，就是說喝了後會使你精力充沛，不過我一直以「天然食品」來稱呼。「生機飲食」在調理身體、改善體質方面已證實有效，我本人就是個活生生的例子，我已經行之有數年，成果還不錯。據我所知，我有些朋友的親人採用生機飲食療法後，身體的健康情況也慢慢改善了。

野菜類也是生機飲食精力湯會使用的材料，圖為野莧菜。

天然的最好

就一般常理來說，天然的東西當然最好，尤其是吃進肚子裡的東西更要講究。生機飲食保留了絕大部分的各種營養素，是涵養我們身體最自然也最完整的飲食方法。舉例來說，台灣過去曾經風行一陣子的「健康食品」，造就了一些傳銷界的暴發戶，但曾幾何時在副作用的摧殘之下，很快就銷聲匿跡了。證明只要加工過的，即使號稱是「健康食品」也不見得安全無虞。

我再舉一個相反的例子。先前因為美國醫學界發表「黃樟素」會致癌的消息，讓台灣的飲料界大地震，還差點讓老字號的飲料大廠關門大吉。其實，所謂的「黃樟素」也普遍存在於許多植物中，例如本省客家人最常食用的香菜（九層塔或七層塔）就是含「黃樟素」最多的植物之一，但客家人得癌症、腫瘤的比例真的比較高嗎？答案是沒有，那是因為他們吃進肚子裡的是天然的「黃樟素」，而不是人工合成的「黃樟素」。

野外大片生長的甜根子草，跟牧草一樣，也可應用於生機飲食中。

製作生機飲食
材料一定要乾淨

　　生機飲食的材料首重乾淨，才能吃得安全無慮，生食的東西沒有經過任何的殺菌處理，很容易會「病從口入」，所以清洗的過程一定要仔細。一般煮青草茶之前，必須先把拔回來的青草洗乾淨後再入缽熬煮，即便有蝸牛、昆蟲爬過污染，但經過完全煮沸後，在飲用安全上大概就沒有什麼問題了。但是「生機飲食」，終究是生食，在完全沒有任何殺菌的情況下，萬一處理時失之草率就很容易有致病風險。比如用蝸牛爬過的材料壓榨果菜汁，就有可能感染「廣東蛭血線蟲」；而使用其他昆蟲吃過或爬過的材料壓製果菜汁，也有可能傳染其他疾病。所以選擇生機材料時，最好挑選要削皮的種類，若是萬不得已要用一些不削皮的蔬果，除了要注意有無寄生蟲外，還要留意農藥殘餘的問題（一般來說，溫室栽培安全性較高）。我可以告訴你們一些我的經驗，那就是把買回或採回來的果菜洗乾淨後，再浸泡在乾淨的水中約一至兩個小時，然後取出晾乾用塑膠袋封存於冰箱中，等第二天再拿出來用！

原料的配置處理

　　選擇生機材料及使用比例，一定要配合你的體質，調配出溫、熱、寒、涼等屬性的飲品，如果是全家一起飲用，可以考慮製作適合大家飲用的「溫性生機飲料」。此外，要吃得健康也要兼顧美味，生機飲料的色香味都要考慮進去，才不會因為不順口而半途作廢。

玉蓮（石蓮花）滋味酸甜，是近年來相當受歡迎的生機飲食材料。

在生機飲食中加入幾片甜菊的葉子，可增加美味及促進食欲。

餘渣不可濾掉

　　一般人打果汁都用果汁機，結果都把最好的部分「渣」給過濾掉了，實在可惜！看看市面上賣果汁的攤位或商家，一天下來，每一家都是果渣堆積如山，難怪他們家養的牲畜家禽會長得羽翼豐碩、毛皮光澤，健康得不得了。我常常跟住家附近賣生機飲料的老板開玩笑，如果他家有飼養雞鴨的話，我一定高價購買，我想肉質一定十分鮮美。事實上，做生機飲食最好使用專門的料理機，因為經過料理機處理過的蔬果汁，沒有餘渣沙沙的感覺，卻能連渣滓一起吃掉，不但省去處理渣滓的麻煩，也吃下了所有的營養，一點都不浪費。

生機飲食的配方

◆ 蘋果、番石榴、地瓜葉、老薑、紅龍果、加洲李、鮮奶、桔子
◆ 蘋果、番石榴、地瓜葉、水梨、紅龍果、橘子、鮮奶、黑芝麻粉、高粱粉
◆ 蘋果、番石榴、地瓜葉、天山雪蓮、蓮子、橘子、咸豐草
◆ 蘋果、番石榴、地瓜葉、西瓜、紅龍果、水梨、苜蓿苗、鮮奶
◆ 蘋果、地瓜葉、橘子、老薑、苦瓜、西洋瓜
◆ 蘋果、番石榴、地瓜葉、大小黃瓜、白蘿蔔、甜椒、酵母粉、蓮藕粉、燕麥粉（黑豆粉、芡實粉、小麥粉、大豆粉）

葉下珠是平地常見的青草，可用於生機飲食，不過味道偏苦。

提醒您：像木瓜、胡蘿蔔、酪梨等類的蔬果最好單獨使用，混合他種水果會變味，也不好喝。

青草花園

善用家中的空地、陽台,也能栽種出兼具觀賞、食用及藥用價值的青草,讓春夏秋冬四季各擁不同風情,還能隨手來一杯健康的養生青草茶,悠閒享受親手收成的樂趣。

內雙溪藥用植物園

知道青草的習性

　　就跟種花、種菜一樣,種植青草也要懂得各種青草的習性,種植於適當的環境,並加以妥善照顧,用正確的方式來繁殖,才能使庭院或陽台上茁長出可供觀賞與利用的青草。

　　不同於一般觀賞植物或農作物,許多青草類植物就跟野生動物一樣,都具有野性,因為已經習慣生長在野外環境,所以短時間不容易「馴服」成為家中的栽種植物。種植青草需要付出相當多的心力,而且一定要先仔細觀察它們原始的生態環境,了解其習性及繁殖方法,才能真正享受到種植青草的樂趣。

海金沙是多年生攀緣草本蕨類,枝條細長柔弱,栽種時需架設支撐物。

附生與地生

　　「附生」就是生於樹幹或岩壁上,終其一生很少和土壤接觸或完全沒有接觸,諸如愛玉、木蓮、瓦葦、風不動、寄生、樹衣、骨碎補等。栽培這一類的青草植物,可以將之固定在樹幹、牆垣、蛇木板、蛇木柱或蛇木屑上,現在已經進步到可利用太空包(以經過人工發酵過的木屑包裝而成的塑膠包)種植,既簡單又有效果。不過,若想要種植在牆垣上,牆垣必須要粗糙,植物才能長得好。

　　至於「地生」是指生長在土壤上,不管是庭栽或盆栽,這類植物一輩子都離不開土壤。其中有些植物偏好砂質土壤,如馬鞍藤、無根藤、濱棗、蔓荊、海桐樹、水茳花等;有些則喜歡黏質壤土,如薑、洋商陸、母草、燈心草等。然而,大部分的青草還是適合一般性土壤。所以在栽培地生性的青草前,必須要先觀察其原生地的土質,選用適合的土壤來種植,才能栽種成功。

青草花園可分區規畫種植,最好能依照植物的習性選擇適當的地點及土質種植。

濕生與乾生

　　「濕生」是指生於水中或水邊澤地，這類植物天生就愛水，或著根於泥中，或漂浮水面，或將部分根鬚深入並延展到附近的水田、溝渠、沼澤、池塘中，譬如布袋蓮、澤瀉、田字草、台灣水龍、慈菇、杏菜、水車前、過長沙等。如果想要栽植這類青草，可利用小水池、水缸、水盆等，只要在容器的底部鋪上一層泥土就可種植。

　　「乾生」指的是植物的生長地水分不多或雨量稀少，甚至是石礫地、裸露地帶等，這種習性的植物，應該栽植在排水良好、日照充足的地方為宜，比如仙人掌、松葉牡丹、蕨藜、樹豆、番薯、粟等。

松葉牡丹花色繁多，以盆栽種植一盆盆擺在陽台上，就是漂亮的風景。

陽性與陰性

　　「陽性」的青草植物是指適合生長在開闊地方，整天都能曬到陽光的植物，例如蜀葵、菊花、日日春、牽牛花、長春花、王爺葵、小葉黎、台灣百合、地錦、常春藤等。「陰性」的青草植物，是指喜歡生長在林蔭下或牆角下的地生或附生性植物，例如小葉冷水麻、愛玉、風不動、石葦、槲寄生、金線蓮、楓寄生、木蓮、姑婆芋等。當然，在典型的陽性或陰性植物之間，還有不少中間

可利用水池或水缸栽種睡蓮。

型的種類，諸如石斛、鳳尾草、小野牡丹、吊竹草、痲瘋樹等。在栽植之前，要先觀察好其生長習性，再安排適當的栽植場所。對陰性植物應給予陰棚或其他遮陽設備；對陽性植物則應給予充足的日照。

直立與蔓生

直立性青草植物可任其向上伸展，但是蔓生或暗蔓生的植物，因為枝條細長而柔弱，則應給予棚架或支柱，以供其攀爬依附，諸如山藥、黃藥子、無根藤、海金沙、三角柱、刀豆、蔓荊、雞屎藤、白鶴藤、落葵、洋落葵（川七）等。

匍匐性的青草，可用吊盆栽培，或種植在空曠之處，讓它有足夠的伸展空間。但是像馬蹄金、天胡荽、石胡荽、黃花酢醬草等植物，則可種植於盆栽的植株下方美化，或栽植在庭院中充當天然草坪。

高山與平地

一般而言，生長在高山上的青草植物，不宜種植在平地，但若能保持低溫、濕度高與良好的排水條件，那麼生長在高山的青草植物，有時在平地也不難種植成功，尤其是在深秋至仲春時節。不過，照顧起來可能要多花些心力，也比較耗錢費時，成本會高一些。

原來生長在海濱或低中海拔地區的青草植物，其生長條件和一般庭栽環境差不多，因此比較容易栽培。惟生長在珊瑚礁上的青草植物，如水莞花、海桐樹、馬鞍藤、白水木、毛苦參等等，最好給予類似的生長環境，否則不易存活。

馬齒莧莖葉肥厚，是歷史悠久的救荒野菜。

益母草是婦科良藥，種在家裡，月事期間隨時可摘花煎蛋調理身體。

寄生與腐生

　　寄生性青草植物最難栽培成功，包括野菰、金剛拐、菟絲子、樹衣、寄生、冬蟲夏草等，因為這類植物必須依賴寄主才能生存，因此應該與寄主一起栽培。至於播種方式就得要請教專家或農改場及農業機構，否則失敗機率居多。

　　腐生性青草植物，可以依照菌菇類的栽培方式，將種子撒在有機質中，目前已有稱為「太空包」的專用培養包問世，使用非常方便，不管菇類、靈芝、木耳、銀耳、黃金菇、雪菇、猴頭菇、金針菇等，只要保持適當的光照、溫度，這些腐生性植物就能生長良好。

選個適當的土質

　　栽種青草植物，除了要考慮植物的生長習性外，也要選對適合的土質，通常可分為壤土、砂質土和黏質土三種。

　　一般青草植物適合生長在壤土，但原生於海濱或石礫地的植物，則宜用砂質土來栽培，才能讓根鬚正常伸展；至於黏質壤土因為通氣和排水性較差，用來種植青草植物比較不適宜，但如果是在土壤粒子較細、土質較密實的地方取得的青草幼苗或種子，就適合用這種黏質土來栽培。

青草園的布置

　　在了解青草植物的一般習性和繁殖方式之後，就可開始動手種植青草植物了。假如種植的面積很大，可以設計成青草植物園、藥食兩用青草園，或分草本區、木本區、灌木區、水生區等不同區塊來配置。在大型喬木上還可以種植一些附生性青草，例如木蓮、愛玉、骨碎補、風不動、蘭花、蕨類等。甚至還有更細膩的方法，比如按照人體八大系統（呼吸

清新的花容，園中只要種上幾株百合就很漂亮。

夜合花有股類似鳳梨的香味，到了夜晚花香更濃，是理想的園藝植物。

系統、消化系統、內分泌系統、神經系統、排泄系統等），或按照四季、五行、五臟六腑等分類方式，隨自己高興與方便來做最理想的安排。

　　至於一般住家只要選擇常見、常用的青草，以群落方式種植即可。長梗菊、野甘草、咸豐草、紫背草、兔兒菜、薄荷、雷公根、夏枯草等多種青草都可用盆栽方式分盆栽培，如果有水池、假山，還可種上一些蓮荷、杏、蓴、澤瀉、過江龍、過長沙、眼子菜、燈心草、荸薺、金絲草、蕨類等水生或濕生性的青草植物，讓整個園區更具多樣性。此外，也可善用棚架往高處發展栽種空間，攀緣性的植物，比如馬兜鈴、王瓜、刀豆、何首烏、山藥等藤本植物都很理想！

像這樣的休閒農場，近年來十分受到歡迎。

青草茶入藥部分

熬 煮青草茶所取用的植物部位，會因植物種類而異，有些青草全株都能派上用場，有些則取根、莖、葉、花、果等部分使用，主要是因為這些植物的各部位功用不盡相同。

　　一般來說，可以用來煮青草茶的植物幾乎都可以全草使用；不過，當然也有僅取根、莖、葉、花、果等一部分使用的。下面就針對入藥部位的異同，將本書所收錄的113種植物進行分類。

全草使用

喬木及灌木				一年至二年生草本			
名稱	頁碼	名稱	頁碼	名稱	頁碼	名稱	頁碼
芸香	40	蘄艾	60	決明	145	千根草	163
香林投	42	金午時花	70～71	丁癸草	146	益母草	164～165
構樹	48～49	金銀花	72～73	茭苳菜	147	仙人草	166～167
多年生草本				大花咸豐草	148～149	紫蘇	168～169
名稱	頁碼	名稱	頁碼	昭和草	150～151	繖花龍吐珠	172
淡竹葉	76	夏枯草	108	紫背草	152～153	葉下珠	173
金絲草	77	龍芽草	109	一枝香	154	菁芳草	174
含羞草	80	馬鞭草	110～111	金盞花	155	松葉牡丹	178～179
角菜	81	消渴草	112	野甘草	158	馬齒莧	180
艾	82～83	長節耳草	114	穿心蓮	159	爵床	181
雞兒腸	84～85	蘆薈	115	小葉冷水麻	160～161	野莧菜	182
地膽草	88	萱草	116～117	大飛揚草	162	小葉藜	183
兔兒菜	89	賽葵	121	**其他**			
刀傷草	90	車前草	122～123	名稱	頁碼	名稱	頁碼
甜菊	91	法國莧	124	芝	185	木耳	186～187
台灣蒲公英	92	台灣水龍	125				
王爺葵	93	蓮（荷）	126～127				
長梗菊	94	腎蕨	130				
蟛蜞菊	95	紫背萬年青	131				
桔梗	96	葶藶	132				
杯狀蓋骨碎補	97	箭葉鳳尾蕨	133				
火炭母草	98～99	土人參	134～135				
芒萁	100	吊竹草	137				
海金沙	101	胭脂仙人掌	138～139				
台灣筋骨草	102	地榆	140				
台灣野薄荷	103	魚腥草	141				
薄荷	104～105	酢醬草	142～143				
彩葉草	106～107	～	～				

金銀花

使用根或地下莖

喬木及灌木			
名稱	頁碼	名稱	頁碼
桂花	35	橄欖	54～55
茉莉花	36～37	茄冬	62～63
安石榴	38～39	營實薔薇	65
林投	43	月季	66～67
油茶	50～51	～	～
多年生草本			
名稱	頁碼	名稱	頁碼
芒	74～75	台灣百合	118～119
白茅	78～79	荸薺	120
消渴草	112	睡蓮	128～129

土人參的根

使用莖或枝葉

喬木及灌木			
名稱	頁碼	名稱	頁碼
茉莉花	36～37	側柏	59
橘	41	蘇鐵	61
林投	43	茄冬	62～63
小葉桑	46～47	枇杷	64
欖仁	53	月季	66～67
仙丹花	57	山芙蓉	69
朱蕉	58	～	～
多年生草本			
名稱	頁碼	名稱	頁碼
芒	74～75	睡蓮	128～129
玉蓮	113	～	～
一年至二年生草本			
名稱	頁碼	名稱	頁碼
胡麻	170～171	野苦瓜	176～177
早苗蓼	175	洋落葵	184

玉蓮

使用果實或種子

喬木及灌木			
名稱	頁碼	名稱	頁碼
安石榴	38～39	欖仁	53
橘	41	橄欖	54～55
林投	43	椰子	56
波羅蜜	45	側柏	59
小葉桑	46～47	蘇鐵	61
油茶	50～51	枇杷	64
山茶	52	營實薔薇	65
一年至二年生草本			
名稱	頁碼	名稱	頁碼
麥芽	144	早苗蓼	175
胡麻	170～171	野苦瓜	176～177

決明子

使用花

喬木及灌木			
名稱	頁碼	名稱	頁碼
桂花	35	蘇鐵	61
茉莉花	36～37	枇杷	64
安石榴	38～39	營實薔薇	65
夜合花	44	月季	66～67
山茶	52	玫瑰	68
多年生草本			
名稱	頁碼	名稱	頁碼
白茅	78～79	睡蓮	128～129
菊花	86～87	～	～
一年至二年生草本			
名稱	頁碼	名稱	頁碼
萬壽菊	156～157	早苗蓼	173

菊花

如何自製美味可口的青草茶

炎夏日喝什麼最解渴？來杯清涼的青草茶！即便是寒冷的冬天，也能沏上一杯溫熱的青草茶來喝，振奮你的精神。不管你是採摘自家裡的庭院、野外或從青草市場買回來的青草，只要掌握幾個要領，就能煮出美味又養生的青草茶。

要在市面上買到適合自己體質又美味可口的「青草茶」並不容易，因此建議想調養身體又不想花太多工夫的你，不妨親自煮壺青草茶來喝，只要花一點時間，輕輕鬆鬆就能收到喝茶養生的效果，自己煮青草茶也更能符合健康觀念。

原料的取得和處理

其實在亞熱帶的台灣，植物生長極為豐富可觀，種類繁多，所以在取得青草茶原料上相當方便，一般你可以從野外摘取，也許在山上，也許在河畔，也許生長在溪澗，也許在水中，只要熟悉該種青草的生長習性，就不難發現其蹤跡。

當你找到所需要的青草時，草本性的植物可以直接拔起洗淨帶回。要提醒你的是拔起青草時，別忘記把青草枝上的種子撒回原處附近，讓它能生生不息，可以永續利用下去。另外一種方式就是自己種植，院子的空地或陽台盆栽都可用來種植；也可廢物利用，塑膠箱或保麗龍箱子盛裝泥土後，也可種上幾種自己喜歡的青草。如果是木本植物，那麼你必須攜帶鐮刀甚或斧鋸才能採集。

採回來的藥草最好是鮮用，一來新鮮，二來營養也沒有遭到破壞，此時的維生素含量較多。如果拔回來的量較多的話，不妨趁鮮切段曬乾備用，比較容易保存。

蒲公英有清熱解毒、利尿、健胃、消癰散結等功效。

原料必須乾淨清潔

煮青草茶首先要注意的是原料的來源一定要乾淨清潔。所謂乾淨，是指你所取得的藥草不是生長在污染地區，這包括農藥、重金屬（諸如鎘、銅、鉛、鉻等）以及其他有毒物質。所以你採集的藥草，要遠離稻田、工廠、垃圾場及掩埋場、墓廬等地方，才不容易受到污染；最好是生長在大河畔、圳溝邊、曠野、山區、沼澤地、

長梗菊有消炎、降火潤肺的作用，對肝火、虛火有良好的助益。

海濱、水源區。拔回後的青草要把灰塵、泥土及其他雜物、雜草完全清洗乾淨，然後才可放心下鍋熬煮。

原料搭配必須適合個人體質

記得有一次，有個朋友問我：「李老師！為什麼我喝了菊花茶後，總是感到非常疲倦呢？」我立刻問他：「你有沒有量血壓？」他說：「我是低血壓。」「那就對了！因為菊花本身是降血壓的藥，難怪你會感覺到疲倦了。」我斬釘截鐵的告訴他。所以，絕對要針對自己的體質來使用青草茶，才能喝出好氣色，否則胡亂飲用與自己體質不合的青草茶，只有百害而無一益。藥有寒涼溫熱，人的體質同樣也有寒燥之分，這也是食補不得不慎的原因。不過，日常飲用的青草茶都以調到溫性平性為佳，因為溫性平性比較能適應任何體質的人。

口味色澤的講究

藥是用來治病，而青草茶是拿來當日常飲料，目的不同，當然取捨也有不同。既然是藥，也就不用講究色澤好不好看或味道好不好喝；但是「青草茶」就不一樣了，不但要順口好喝，而且還要有好顏色才算是真本事。一般來說，幾種青草合煮的顏色，跟一般煎藥的顏色沒什麼兩樣，都是接近黑褐色或琥珀色；當然，添加的佐料也會有影響，比如加入紅糖，顏色會較深；加入冰糖顏色較淡且較濃稠；加入白糖顏色清淡。若是只使用一種青草單煮的話，顏色可能就更多了，比如露兜樹果實是粉紅色、黃藥子是深紅色、白飯樹近琥珀色、欖仁是金黃色……，不勝枚舉。

煮一壺好喝的青草茶

一般煮青草茶要用較大的缽子，最好用陶瓷器或不鏽鋼製品，千萬不可用鋁製品，有醫學報告指出，經常使用鋁鍋煮食易得痴呆症，不可不慎。把洗淨的青草壓在缽底，再加入大量的水，先開大火煮，煮開後轉小火慢熬，最好能熬到草爛為止，一般約需一至二個小時。熬好待稍涼後飲用，沒喝完的要放入冰箱冷藏保存，否則隔日就會發酵變味，不能再飲用。

以下試舉一些「青草茶」配方：

◆ 長梗菊、野甘草、大花咸豐草、紫背草
◆ 白茅根、繖花龍吐珠、箭葉鳳尾蕨
◆ 一枝香、大花咸豐草、兔兒菜、地斬頭、金銀花
◆ 靈芝、甘草片（加蜂蜜調味）
◆ 淡竹葉、桑白皮、杭菊、甘草片、膨大海
◆ 山鹽青、孟棕竹根、玉米鬚加雞心
◆ 黃花酢醬草、麥冬、天冬、枇杷葉、雞兒腸
◆ 金絲草、車前草、木賊、鼠麴菊
◆ 露兜樹果實可單品使用。

煮好的「青草茶」如何飲用與保存

青草茶是飲料，目的不是用來治病，這我們在前面已經說得很清楚了。青草茶是當茶來喝，你可以煮一大壺放在冰箱中慢慢喝，但要注意，從冰箱剛拿出來時不要馬上喝，要放到不會太冷涼時才喝，最好能加到溫熱後再飲用，否則「冷」對人體的傷害會在不知不覺之中累積，等你感覺到時已經來不及了。有些人常常會覺得胸悶，而「ㄟ哼」「ㄟ哼」地發出怪聲，這就是受冷傷的緣故，治療起來會較麻煩，不可不慎。青草茶其實也不要天天喝，天氣熱時，一、兩個星期煮一次就夠了，煮一次可以喝個二到三天。

煮前的清洗工夫要做得很徹底。

放入不鏽鋼鍋裡。

加水淹過材料後開大火煮開，再轉小火慢熬。

加入黑糖調味。

滿滿一碗的青草茶，入口後有滿滿的幸福感。

教你看懂植物

花不只是花，葉子也不只是葉子。仔細觀察植物的花、葉、果實，你會發現原來乍看相似的構造，卻有那麼多細微的分別，而這些分別正是我們初步判斷植物種類的依據。本單元就針對花、葉、果實的形狀及生長方式，介紹你一些判斷的重要竅門。

葉形與葉序

　　大部分的植物是靠綠色的葉子來進行光合作用產生能量，而從葉子的形狀及生長的排列方式（葉序）也可用來鑑別物種。第一步可先觀察葉子是「單葉」（每一葉柄上只長一枚葉片）或「複葉」（每一葉柄上有兩枚葉片以上）；接著再看葉形及其生長方式，大概就可辨別植物種類。

單葉

每一條葉柄上只長一枚葉片，如波羅蜜（見45頁）。

複葉

每一條葉柄上長出兩枚葉片以上，如月季（見66～67頁）。

羽狀複葉

一片葉子是由多數小葉組成，而且小葉排列在中軸成羽毛狀，又分為奇數羽狀複葉（最末端的小葉只有一片）、偶數羽狀複葉（最末端是兩片小葉並列）、一回羽狀複葉、二回羽狀複葉（每一片小葉又由許多更小的小葉組成）等。例如決明（見145頁）的葉子就是一回羽狀複葉。

三出複葉

每一條葉柄延伸出三片葉子，前兩葉對生，如茄冬（見62～63頁）。

互生

枝條兩側的葉子交互生長，如小葉桑（見46～47頁）。

常見的基本葉形		葉緣類型	
線形	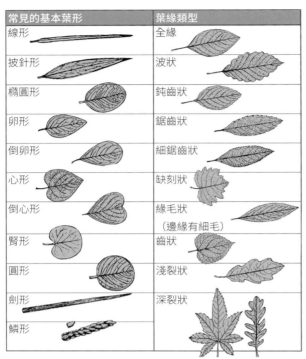	全緣	
披針形		波狀	
橢圓形		鈍齒狀	
卵形		鋸齒狀	
倒卵形		細鋸齒狀	
心形		缺刻狀	
倒心形		緣毛狀（邊緣有細毛）	
腎形		齒狀	
圓形		淺裂狀	
劍形		深裂狀	
鱗形			

輪生

枝條的每一節上生出三片以上的葉子，並呈輻射狀排列，如朱蕉（見58頁）。

對生

枝條兩側的葉子相對生長，如茉莉花（見36～37頁）。

叢生

葉子集中生長在枝條頂端，如欖仁（見53頁）。

花形與花序

　　花是高等植物的生殖器官，構造通常都包括花萼、花瓣、雄蕊及雌蕊四部分。花序是指花排列在花軸上的次序，最簡單的花序是一朵花單獨生長的「單生花」，其他較複雜的花形結構還包括：穗狀花序、繖房花序、輪繖花序、繖形花序、聚繖花序、頭狀花序、總狀花序、圓錐花序、柔荑花序等。

聚繖花序

花軸頂端著生一朵最早熟的花，下方分出二枝長短相同的花梗，花梗頂端是較晚熟的花，如大飛揚草（見162頁）。

輪繖花序

花朵呈輪生狀排列，在花軸上層層往上堆砌，每層至少有2朵花且每朵花的花梗都很短小，甚至不見花梗，如益母草（見164～165頁）。

單生花

花軸頂端只著生一朵花，如夜合花（見44頁）。

穗狀花序

花多數，無柄，直接著生在不分枝的一條主軸上，如野莧菜（見182頁）。

繖形花序

花有柄，小花梗幾乎等長，共同從花序梗的頂瑞生出，如張開的傘。整個花序看起來呈扇形或圓球形，如仙丹花（見57頁）。

頭狀花序

花無柄或近無柄，多數密集生在大而寬平的花托上，形成一頭狀體，如王爺葵（見93頁）。

總狀花序

跟穗狀花序相似，但花軸上有互生且幾乎等長的花梗，如錫蘭橄欖（見55頁）。

柔荑花序

由單性花組成的穗狀花序，但總軸纖弱下垂，花（或果）成熟後與花序軸一起脫落，如構樹（見48～49頁）。

圓錐花序

總軸有分枝的總狀花序或穗狀花序，如芒（見74～75頁）。

果實

　　果實是被子植物用來傳播後代的主要方式，由子房發育而成，分為單果及多果，幾種較為常見的果實類型包括：漿果、核果、莢果、蒴果、堅果、聚合果、穎果。

核果

果實內有個硬核，如橄欖（見54～55頁）。

漿果

果皮肉質，果肉漿質，如茄苳（見62～63頁）。

蒴果

果實成熟後會開裂，開裂的方式有許多種，如油茶（見50～51頁）。

莢果

由一個心皮形成的果，成熟時會沿背腹開裂，種子排列在豆莢兩側，如決明（見145頁）。

聚合果

由許多小瘦果集合在膨大的花托上所構成，可食用的部分是由花托發育而成，如林投（見43頁）。

穎果

種子只有一粒且不會開裂，如麥芽（見144頁）。

瘦果

單一心皮，單一胚珠，果實成熟時不裂開且甚小，如火炭母草（見98～99頁）。

| 木犀科 | 木犀屬 | *Osmanthus fragrans* (Thunb.) Lour. |

桂花

　　常綠灌木或小喬木，極受歡迎的花卉，象徵富貴（桂貴同音），花開時清香四溢，對環境品質也有幫助，在中國已有大規模栽培，供食品應用。株高約1～2公尺，樹皮灰白色；葉片革質，對生，有銳細鋸齒緣，橢圓形或長橢圓披針形，先端尖，基部鈍形，具短柄。全年都是花期，但以秋天開花最盛，花白色或黃色，簇生葉腋，花為兩性花，有短柄，花冠4裂片，卵圓形。花後結橢圓形核果，熟時為紫黑色，但不常見。

特徵　最大的辨別特點是花和特殊的清香，花開時，只見滿樹金黃色的花海，且陣陣花香撲鼻。另外一種是葉片稍大，葉背為紫紅色的「木樨」，不易開花，花量也較少。

食用　花清香，常用作食品及薰茶的香料，如桂花糕、桂花滷、桂花酒等，也是上乘的調味料。

別名　崖桂、四季桂、九里香、木樨、銀桂、木犀。（客家名：桂花樹）

葉片革質，橢圓形或長橢圓披針形。

葉先端尖

花開在葉腋處，秋天開花最盛。

約20公分

| 棲所：植物園、公園、學校、休閒農場、一般住家 | 利用部分：花、根 |

喬木及灌木｜多年生草本｜一年至二年生草本｜其他

木犀科	素英屬

茉莉花

　　常綠蔓性或半直立灌木,可供作薰茶的芳香劑,台灣包種茶所配的香料即用此花,名為「香片」;也有製成一包包的乾燥花出售,可供食用。蒸餾所得的花液可製成香水。根有毒,食用時宜小心。株高約1～2公尺,呈匍匐狀,蔓長達10公尺,小枝略具稜脊而枝嫩。葉橢圓形或廣卵形,對生,有時三枚輪生,大小葉脈都很明顯,葉柄短,葉脈及葉柄均被柔毛。夏、秋間開白色小花,單立或數朵甚或十數朵成繖房狀排列,萼筒齒裂絲形,花冠裂片長橢圓形,約與花筒等長,花具濃郁香味。花後結漿果,但不易結子。

特徵　似藤本的灌木,花有一股特殊清香。花瓣的排列組合,使整朵花看似小孩玩的「風車」。
食用　花曬乾可做茶種香料及沖泡
別名　柰花、木梨花、鬘華、末莉、抹莉、抹厲、沒莉。(客家名:茉莉)

▲重瓣的茉莉花品種

單葉對生,廣卵形或橢圓形,
基部闊楔形。

用途

性熱、無毒,藥用上具有長髮、潤燥、香肌、健脾、理氣等功效,可治結膜炎、昏迷、跌損脫臼接骨、白痢。

棲所:日照充足的地方

Jasminum sambac (L.) Aiton

約 25 公分

枝細長有稜

常綠性灌木，著名的香花樹種，常做盆栽。

夏、秋間開白色小花，香氣濃郁。

利用部分：花、根、莖

安石榴科	安石榴屬

安石榴

　　落葉灌木或小喬木，株高約1～2公尺，幼枝呈四稜狀，頂端多棘刺狀。葉對生或簇生，長橢圓形或卵形，基部漸狹，先端尖，全緣。春天開紅色或粉黃色花，花一朵或數朵頂生；花萼厚肉質，漏斗狀，5～7裂，5～7枚或多枚花瓣，闊倒卵形，呈皺縮狀。花後結球形果，徑約7公分，熟時橙紅色，碩大好看。果實有甜酸兩種，但都不好吃，多食損人。花與果能提煉汁液作為染料，也具觀賞價值，種在屋角或花盆可美化環境。因為果實多子，婚俗喜用，代表多子多孫。

特徵　花為漂亮的橙紅色至粉黃色，也有白色花瓣的品種，花萼厚肉質，漏斗狀。果實球形，果皮厚，成熟時為橙紅色，會從上部裂開，浸泡在水中，水如墨汁。

別名　金罌、榭榴、石榴、石榴根、石榴皮、若榴、丹若、謝榴、紅石榴、白石榴、樹榴。（客家名：石榴）

　　葉對生或簇生，長橢圓形或卵形。

落葉灌木或小喬木，結大型的球形果，熟時橙紅色。

約40公分

棲所：藥用植物園、藥用植物研究所、農業改良場、校園、公園及一般住家

Punica granatum L.

果實成熟時會開裂

春天開紅色或粉黃色花，花漏斗狀，
頂端5～7裂。

春天開花，花一朵或數朵頂生。

小枝方形，先端棘刺狀。

用途

果皮、根、花皆可入藥，一般都以甘石榴做食物，以酸石榴入藥或加工做飲料和石榴酒，具補血功能。甘石榴，性溫澀、無毒，主治咽喉燥渴。酸石榴含多種氨基酸和微量元素，可助消化、抗胃潰瘍、健胃提神、軟化血管，以及降血脂、血糖和膽固醇等功效，對解酒也有奇效。石榴皮有明顯的抑菌和收斂功能，可治腹瀉、痢疾等症，但便祕者不適合食用。石榴花有止血功能，用石榴花泡水洗眼，還有明目效果。

利用部分：果皮、根、花

芸香科	芸香屬	*Ruta graveolens* L.

芸香

　　多年生的叢生小灌木，全株有強烈的刺激性氣味。株高可達1公尺，直立，多分枝。葉互生，為2～3回羽狀複葉，葉緣全裂或深裂，末回小葉或裂片倒卵狀長圓形或匙形，有細腺點。春天開金黃色花，頂生，為聚繖花序，花瓣4～5片，邊緣細撕裂狀，有8～10枚雄蕊。花後結球形蒴果，頂端4裂。鐵灰色的枝葉，很難獨當一面，若為觀賞用，只要幾株點綴搭配即可，不宜多植。

特徵　全株具強烈的刺激性氣味，曬乾後散發牛奶香。

食用　國外常當烹調用的香味調味品。刺激性較強，孕婦忌用為宜。

別名　椸花、柘花、瑒花、春桂、七里香、臭草、小香草、荊芥七、臭芙蓉、心臟草、臭節草。（客家名：山礬、臭草仔、臭節草）

羽狀複葉，葉緣全裂或深裂。

約
40
公
分

多年生小灌木，全株有強烈的刺激性氣味。

葉片略帶藍綠色

用途

性微涼、無毒，有清熱解毒、止痛散瘀的功效，可治胃痛、胃出血、牙痛、月經不調、瘡癤腫毒、經痛、閉經、小兒驚風、小兒濕疹等症。鮮草搗汁，可治小兒頭上瘡、蛇蟲咬傷；鮮草搗敷，可治跌打損傷。芸香軟膏可緩和風濕痛、關節炎及神經痛。葉的浸泡液用來洗眼睛，可消除疲勞。葉曬乾後可作殺蟲劑及傷口殺菌劑，驅除螞蟻效果不錯。

棲所：藥用植物園、藥用植物研究所、農業改良場、觀光休閒農場及一般住家	利用部分：全草

芸香科	柑桔屬	*Citrus nobilis* Lour.

橘

　　多年生常綠灌木，株高約3公尺，目前多已經過矮化栽培，以方便採摘收成。葉全緣，互生，為長橢圓形，長約10公分，寬約4～6公分，先端稍尖。初夏開白色小花，花香濃郁，單立，腋生，5瓣。花後結球形柑果，皮薄而紅，皮表有排列整齊的粒狀凸疣，內含黃白色橢圓形種子，直徑約1公分。橘子和西瓜、香蕉同屬「補強不補弱」的水果，感冒的人不宜食用，恐會增加痰量且使咳嗽加劇，但並非體弱者就不能吃，只要烤熟後食用即可，即是俗說的陳皮，為溫補食物。此外，橘皮還有美容效果，可以應用在SPA方面！

特徵　球形柑果的表皮有排列整齊的粒狀凸疣，一般的柑、枳、柳橙等果肉較乾硬而甜，而橘實則柔軟多汁，滋味酸酸甜甜。

食用　水果鮮食；曬乾的橘皮（陳皮）拿來煎茶或煮茶，可消除胃腸脹氣、止咳化痰以及穩定血管的彈性。

別名　黃熟橘子皮稱為陳皮、紅皮，未熟橘皮名青橘皮、青皮，或通稱橘皮、橘子皮。（客家名：陳皮、青皮）

球形柑果，皮上有排列整齊的粒狀凸疣。

黃熟橘子皮稱為陳皮或紅皮

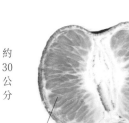

約30公分

多年生常綠灌木，初夏開白花，花香濃郁。

橘瓤、橘絡、橘核各具療效。

用途

皮、核、絡、葉都可入藥。橘實性溫、無毒，有止消渴、開胃、除胸中膈氣的功效。黃橘皮性溫、無毒，可去臭、止嘔、止瀉、解魚腥毒；青橘皮性溫、無毒，可破積結及膈氣、散滯氣、疏肝膽、瀉肺氣。橘絡（果肉與橘皮之間的白色絲狀物），味苦、性平，有化痰、理氣、通絡等功效，適用於咳嗽、胸脅作痛等症狀。橘葉性平、無毒，可疏肝理氣、消腫散毒，適用於胸肋疼痛、乳房脹痛或結塊。橘核（種子）味苦、性溫，可疏肝理氣、散結止痛，適用於疝氣疼痛、睪丸疼痛等症。

棲所：全台山區，都有種植。	利用部分：果皮、葉、瓤

| 露兜樹科 | 露兜樹屬 | *Pandanus amaryllifolius* Roxb. |

香林投

　　多年生常綠灌木，可暫時和緩蛇毒吸收，是野外的救命「仙草」。株高50～100公分，葉全緣，聚生於樹幹上，呈螺旋狀排列，為平行脈，長劍形，長有50公分，寬約6公分，葉背具翠綠蠟質。春夏間開淡黃白花，為圓錐花序，雌雄異株，雌花密生成頭狀。花後結球形聚合果，與台灣林投類似，果實碩大如菠蘿，熟時鮮紅色，可食，但肉少。本種過去曾經風光一時，全台幾乎都流行喝香林投茶，後因飲用後出了一些問題，身價江河日下。

特徵　分枝不多，通常直立，受風或某種原因時也會倒伏生長。近根處多生氣根，凡有氣根處就有一分芽，可供繁殖。樹幹具環狀葉痕，與台灣林投類似，但香林投的葉無刺。

食用　具有特殊的芋頭香味，可作為各種食品香料或煮成茶飲。

別名　七葉蘭、香蘭、香草、香蘭草、珍珠蘭、碧血樹、無刺露兜樹、無刺林投。（客家名：假黃霸頭、香蘭、無刺黃霸頭）

約50公分

葉長劍形，有平形脈。

旅居越南的華僑稱為「香菠蘿」，因為植株外形酷似鳳梨，尤其果實特別像。

用途
性溫、無毒，有清熱、涼血、除瘀、降血壓、退肝火、抗氧化、解毒消腫、理肺化痰等功效，可治久咳不癒、痛風、肺癌、高血壓、肺結核、肝硬化、消化不良、食積、解酒毒、中暑、肺結核、糖尿病、血脂肪過高、血濁、雀斑、肝斑等；對尿酸過高療效良好。

| 棲所：全台藥用植物園、藥用植物研究所、農業改良場及一般住家 | 利用部分：全草 |

露兜樹科	露兜樹屬	*Pandanus tectorius Parkinson*

林投

　　多年生常綠灌木，是台灣很常見的野生植物，多成群生長在海岸邊，目前已有改良過的無刺且葉帶金色條紋的新品種，觀賞價值跟著水漲船高，日本琉球群島的東南植物園中就種了不少。株高約1～2公尺或更高，多分枝及氣生根，樹幹具有環狀葉痕，氣根從幹的基部長出，到達地面後變成支柱根。葉叢生枝端，劍形，螺旋狀排列，長達1.5公尺，寬3～5公分，先端尾狀銳尖，基部成為鞘狀，葉緣及葉背肋均具有銳刺。雌雄異株，雄花淡黃白色，多數密集而形成圓錐花序，佛焰花苞白色，雌花密生成頭狀。多花果，單生，球形，由約70～80的小核果所構成，各核果再由7～10枚心皮合生而成，有稜有角，各心皮具有1宿存花柱及1枚種子。

特徵　果實是最鮮明的標誌，熟時黃紅色，形如菠蘿（鳳梨），因此別稱「野菠蘿」。

食用　枝芽嫩髓可當成蔬菜炒來吃。果實是非常好的野外求生食物，中心肉質微甘似豆沙；若加入冰糖煮成果汁，滋味令人難忘；也可燉排骨，味道更勝鳳梨排骨湯。

別名　露兜樹、華露兜、榮蘭、阿壇、假菠蘿、野菠蘿、露兜簕、露兜子、婆鋸筋、豬母鋸、老鋸頭、勒古、水拖髯、山菠蘿。（客家名：黃霸頭、黃霸刺〈ㄋㄟˋ〉）

果實球形，形似鳳梨，約由70～80個核果構成。

約100公分

常綠灌木，多分枝及氣生根，葉聚生在莖或枝條頂端。極佳的野外求生食物，熟時黃紅色。

用途

性溫、無毒，有祛寒、散熱、消腫、補脾胃、固元氣、壯精益血、解酒毒等功效，可治傷寒、眼熱疼痛、甲狀腺腫、狂熱、痢疾、咳嗽、中暑、感冒發燒、結膜炎、腎炎、水腫、尿路感染、尿結石、肝炎、肝硬化腹水、睪丸炎、痔瘡。

棲所：自生於海濱、河邊、山谷等日照充足又近水的地方	利用部分：葉、根、果實

| 木蘭科 | 木蘭屬 | *Magnolia coco* (Lour.) DC. |

夜合花

　　常綠小灌木，生長緩慢，花有股類似鳳梨的香味，到了夜晚花香更濃，但多閉合，因此得名。花蕾除藥用外，還可以用來燻茶，也是製造香水的原料。觀賞方面，常常種於廟宇處，簡直成了神佛的供花，在客家莊，有土地公廟的地方幾乎都能見到。株高約可達3公尺，生長緩慢。葉革質，全緣，互生，有短柄，為橢圓形或披針形，主脈黃白色清晰，葉面網狀脈明顯凸出。初夏開花，白色、肉質、單一，花梗向下彎曲，所以花多向四側或向下開放，整朵花略呈球形，有3枚綠色苞片，花被6片，萼片3。花後結長橢圓形聚合果，紅色。

特徵　葉面網狀脈明顯凸出；開白色花，花朵下垂不完全開展，花冠乳白色，夜間香氣濃郁，似成熟鳳梨的香味。

別名　夜香木蘭、夜番木蘭、香港玉蘭、木蓮。（客家名：夜合花）

約150公分

常綠小灌木，花會在天黑後閉合，因此得名。

葉革質，互生，為橢圓形或披針形。

初夏開白色花，有股類似鳳梨的香味。

用途
性平、無毒，有養心、開胃、理氣、解鬱等功效，可治胸口鬱悶、食欲不振、胃悶脹、胃氣痛、損傷、接骨及風濕痠痛等。

| 棲所：全台藥用植物園、農業改良場、廟埕、學校、公園、一般住家 | 利用部分：花 |

| 桑科 | 波羅蜜屬 | *rtocarpus heterophyllus* Lam. |

波羅蜜

　　常綠喬木，果實可食，樹形及果實均有觀賞價值，結果纍纍時更為可觀。株高可達20公尺，葉為長橢圓形，為互生葉，全緣，有7條橫脈，主脈白色、清晰。春夏間開花，花很小，單性，密密麻麻成簇聚生。小花下面的莖，成熟時便是果實，波羅蜜的果實為多花果，形如冬瓜，長可達60公分，重可達50公斤，表面滿布疣狀突起，觸感粗糙，且不易掉落，所以也常被引進校園種植。

特徵　果實碩大無比，少有其他種類的果實可以一較高下，果實大都生長在樹幹和分枝之上，因此不易掉落，這也是本種的辨識特徵之一。

食用　果實成熟時黃色，味道濃烈，鮮美可口，可生吃也可釀酒，一般吃法是先撥開粗硬的皮，再挖出一顆顆有如荔枝般大小的果肉，味道有點像鳳梨，稍有酒味，冰後食用更具風味，現市面上已有脫水的波羅蜜乾出售。果皮刷洗乾淨加水煮成茶飲，可降血壓。

別名　曩伽結、木波羅、波那娑、阿薩鞞、樹鳳梨、將軍木、天波羅、優珠曇、牛肚子果、天羅、蜜冬瓜。（客家名：波羅蜜〈ㄇㄝ－〉）

葉長橢圓形，主脈清晰。

成熟時，表面由淡綠色轉為綠黃色或褐黃色，散發出特有香氣。

約45公分

常綠喬木，雌雄同株，株高可達20公尺，結果纍纍時相當可觀。

用途

性涼、無毒，瓤、核可藥用，有解熱止痢、醒酒益氣的功效，可治瘍瘡、瘀血、創傷、毒蛇咬傷、收斂及養顏。注意：便祕者慎用根和皮，泄痢者勿多吃果實。

棲所：種植於學校、公園、遊樂區及一般住家空地，目前台灣已有經濟栽培　｜　利用部分：瓤、仁、果肉

桑科	桑屬

小葉桑

　　落葉性大灌木或喬木，果實可食用，桑葉可養蠶，樹皮可作為造紙原料或製作繩索，用途相當廣泛。株高約1.5～2公尺，小枝無毛，但具有許多黃褐色的皮目（通氣用）。葉廣卵形或卵形，膜質，葉緣為銳鋸齒狀，有時分裂，有時否，托葉細小，早落性。花為雌雄異株，雄花為下垂的柔荑花，花被4片，雌花花序下垂或斜上，花被倒卵形，花柱長而有毛，柱頭2裂。果實為多花聚合，成熟時由紅色轉紫黑色，由許多具有肉質性宿花被的小堅果所組成。

特徵　小枝有許多黃褐色的皮目，是天然通氣孔，與一般植物的通氣孔都在葉子上不同。花屬於柔荑花，狀似瓶刷子，果實為多花果，這也比較少見。

食用　野外求生常用，嫩葉、果實、樹皮均可食用。嫩葉可煮食、蒸食、生食或鹽拌後食用，也可細切後燙熟，加調味料食用，或和在麵粉漿內油炸，滋味俱佳。果實（桑椹）汁多味美，可生食、榨汁或醃漬或製成果醬，為山野不可多得的生津止渴食物。樹皮含纖維質，切片置口中咀嚼，食用肉質部分再吐出纖維。枝葉煮水喝，具解暑清涼作用。

別名　桑、桑材樹、桑樹、桑白、桑白皮、蠶仔樹、蠶仔葉樹、娘子樹、桑葉、桑根、冬桑葉。（客家名：鹽酸仔、蠶仔葉）

約
30
公
分

落葉性大灌木或喬木，樹皮灰白色，常有條狀裂縫。

棲所：自生於山野、曠野、河濱、荒廢地或種植

Morus australis Poir.

果實稱為桑椹，
為多花果。

葉廣卵形或卵形，是養蠶
最佳食物。

成熟時轉為紅紫黑色，
汁多而甜。

葉3～5深裂，葉緣
鋸齒狀。

用途

性平、無毒，有清熱、散風、消腫、利水、平喘等功效，可治肺熱咳嗽、風濕性關節炎、感冒、慢性肝炎、貧血、神經衰弱、水腫尿少、頭暈目眩、老年便祕、腰腿痛。外用：鮮葉搗敷可治蛇咬。根部表皮有一層薄薄的白皮叫做「桑白皮」，是相當寶貴的生藥，可治支氣管炎、氣喘、止咳、動脈硬化、高血壓、肺熱、水腫腳氣、小便不利。

利用部分：葉、枝、皮、果

桑科	構樹屬

構樹

　　落葉性中喬木，可供食用及藥用，也是野外求生植物。株高約4～16公尺，樹皮為灰褐色，小枝密生短毛，樹枝折斷時會流出白色汁液。葉互生，卵狀心形，紙質，觸感如絨布，有鋸齒緣，多為3深裂，托葉寬披針形，葉柄長達9公分。花雌雄異株，雄花成圓柱形的柔荑花序（長4～8公分），由多數密集的雄花構成，下垂，雄蕊4枚；雌花則為球形的頭狀花序，花柱長絲狀，向四面展開，略帶紫紅色。子房有肉質柄，多花聚合為球果，直徑約2公分，成熟時橙紅色。本種的樹皮纖維自古即為著名的造紙材料，成品品質絕佳，例如古時候的宣紙。台灣從山地到平野均有分布，但是我們製造台幣的用紙卻遠從加拿大進口，如此龐大又容易取得的資源卻任其荒廢，殊為可惜。葉子可餵食鹿群，目前本省已有不少人家栽培，因此又稱「鹿仔樹」。

特徵　樹皮灰褐色，有虎豹斑紋（尤其近根處），非常醒目。花為奇特的兩性花，雄花成圓柱形的柔荑花序，雌花為球形的頭狀花序。

食用　紅熟的聚合果有甜味，可當野果生吃。花甜美多汁可生食，嫩葉及花也可煮食或烤食，是野外求生植物。

別名　鹿仔樹、楮樹、構仔樹、穀漿樹、噹噹樹、穀桑、椹桑、奶樹、造紙樹、穀。（客家名：鹿仔樹）

約80公分

落葉性中喬木，樹皮光滑，富含纖維，是著名的造紙材料。

多花聚合為球果，未成熟時為綠色，成熟後迸開而呈橙紅色。

棲所：自生於山丘、野地、河畔、荒廢地

Broussonetia kaempferi Siebold

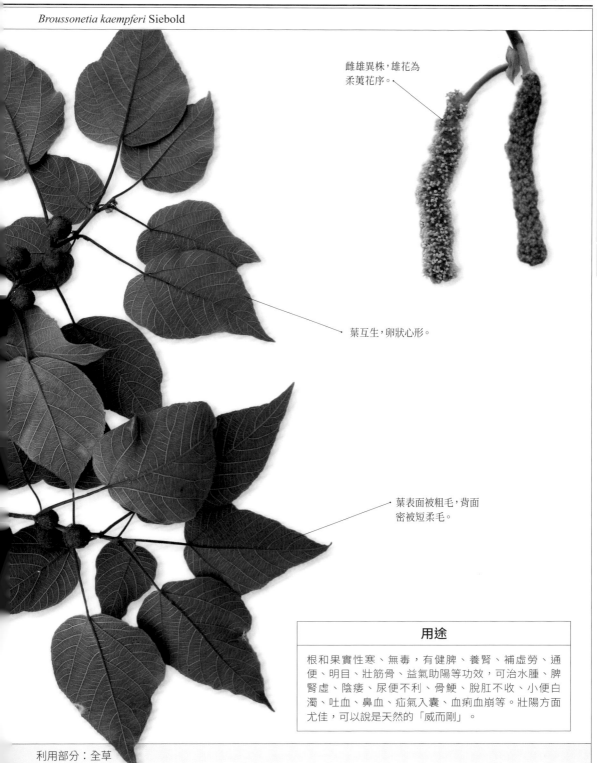

雌雄異株,雄花為柔荑花序。

葉互生,卵狀心形。

葉表面被粗毛,背面密被短柔毛。

用途

根和果實性寒、無毒,有健脾、養腎、補虛勞、通便、明目、壯筋骨、益氣助陽等功效,可治水腫、脾腎虛、陰痿、尿便不利、骨鯁、脫肛不收、小便白濁、吐血、鼻血、疝氣入囊、血痢血崩等。壯陽方面尤佳,可以說是天然的「威而剛」。

利用部分:全草

山茶科	山茶屬

油茶

　　常綠灌木或小喬木，因種子可榨油使用而得名。花開時散發清香，會引來蜜蜂採蜜，可種植在花盆或庭院中，但必須是氣溫稍陰冷處為佳。株高可達4～6公尺，樹幹通直，分枝多，小枝微有毛。葉為橢圓形，小鋸齒緣，互生，革質，有短柄，先端銳尖，基部稍鈍。冬天開白花，多單生枝頂或腋生，花瓣5～7枚，深2裂，雄蕊多枚，在花絲基部合生，子房密生黃色絲狀茸毛，花柱3淺裂。花後結卵形蒴果，直徑約2公分，內有含油量高的種子。

特徵　白花頂生或腋生，花瓣倒卵形，子房密生黃色絲狀茸毛。種子黑色或茶褐色，以手指摳之，會有油汁流出。

食用　種子含油量30%以上，榨出的「苦茶油」已是台灣中部的觀光名產，也漸漸成了健康食品。

別名　茶子樹、油茶樹、油茶子、白花茶。（客家名：油茶樹、油茶仔）

株高約4公尺

常綠灌木或小喬木，分枝多，株高可達4～6公尺。

棲所：自生於中高海拔山區，或種植於坡地、山區

Camellia oleifera Abel.

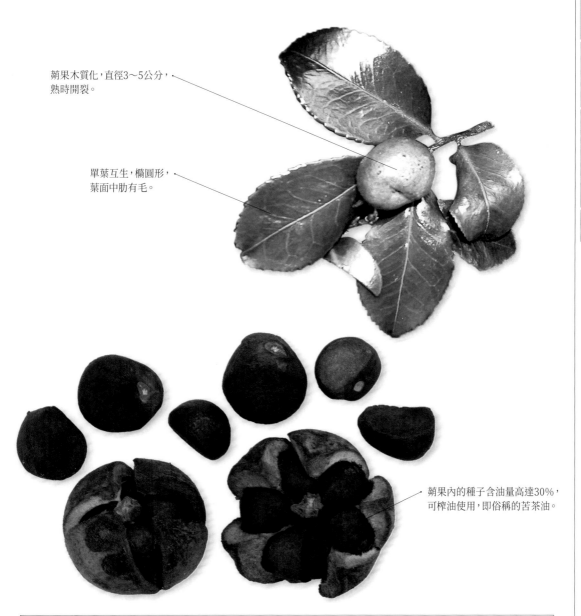

蒴果木質化，直徑3～5公分，熟時開裂。

單葉互生，橢圓形，葉面中肋有毛。

蒴果內的種子含油量高達30%，可榨油使用，即俗稱的苦茶油。

用途

油茶根性平、無毒，有活血止痛、清熱解毒功效。茶油性平、無毒，有利濕、滋陰、固腸胃等功效。可治便祕、胃痛、蛔蟲寄生引起的腹痛、腸梗塞（腸套疊）、燒燙傷。以茶油塗抹患部可治生癬，皮膚搔癢可用茶子餅浸出液塗抹。

利用部分：根、種子、茶子餅

山茶科	山茶屬	*Camellia japonica* L.

山茶

　　常綠灌木或小喬木，品種很多，花期長，花和樹形均高雅，是北部校園、庭園常見花卉，在園藝界也頗有份量，極受愛花、養花者歡迎。株高約1～2公尺，莖平滑，灰白色。小枝淡綠色，有短柔毛。單葉互生，長橢圓形，似茶葉，先端稍銳而基部鈍，革質而有鋸齒緣，表面暗綠色有光澤，背面淡綠色，中肋、葉脈及葉柄均散生茸毛。深冬時開花，花單生或二枚生長於枝條先端，花較油茶花大3～4公分，有苞片數枚，呈覆瓦狀排列，花萼扁圓形，花瓣5枚，呈倒卵形，先端凹裂，雄蕊多數，基部略合生。花後結橢圓形或圓形果，內有種子。

特徵　雖然與油茶（見50～51頁）的枝葉相似，但兩者的花與果截然不同：山茶花的花色多、花形突出雅致，也比油茶花大；果實則比可榨油的油茶果實小很多。

別名　茶花、山茶花、玉茗花、耐冬花、海石榴、曼陀羅樹。（客家名：山茶花）

花色多，花瓣呈覆瓦狀排列，經久耐開。

花單生或二枚生於枝頂或葉腋

葉墨綠色，橢圓形，質地硬且厚，邊緣有鋸齒。

用途

性溫、無毒，有涼血止血、理氣散瘀、收斂、調胃、調經、清肝火等功效，可治吐血、咳血、咯血、便血、血崩、痔血、月經失調。外用可治癰瘡腫毒、外傷出血、燒燙傷。

約30公分

常綠灌木或小喬木，株高約1～2公尺，花和樹形均高雅。

棲所：種植於海拔較高且濕冷的地方　　　　利用部分：花、子

| 使君子科 | 欖仁屬 | *Terminalia catappa* L. |

欖仁

　　落葉性大喬木，可供觀賞、食用、藥用、染料、建材及榨油。樹高且幅員廣大，側枝水平輪生，形成平頂傘狀樹冠，加上葉子又厚，是極理想的遮蔭樹。入秋後樹葉立即變紅，一樹紅葉，美觀不亞於楓葉。株高可達10公尺，葉全緣，亞革質，橢圓形或倒卵狀橢圓形，叢生枝端，綠色主脈粗而清晰，背面小腺點密生，葉柄有毛，具小腺點1～2枚，位置不定；秋冬季落葉前，葉色會轉為黃色，繼之為深紅色，極為繽紛美麗。春天萌芽後，新夏開白花，花萼上有毛。花後結扁球形核果，肉薄核大，成熟時為金黃色，有一股迷人香味。

特徵　葉形與「棋盤腳」很像，兩者常混淆，但本種為革質葉，橢圓形或倒卵狀橢圓形，而棋盤腳的葉子則為長橢圓形，葉質較柔軟。兩者的果實也不同，本種結扁球形核果，棋盤腳則是具有四稜的肉粽形大型果。

食用　果實肉薄，香甜美味，可鮮食，還可裹上麵粉炸食。

別名　楠仁、枇杷樹、古巴梯斯樹。（客家名：涼扇樹）

葉叢生枝端，長20～25公分。

核果扁球形，成熟時為金黃色。

落葉大喬木，開白色花，入秋後葉會變色，觀賞價值高。

約40公分

用途

護肝良藥，葉子和少許茶葉一起沖泡飲用可補中氣不足，還能止痢、消腫。除藥用外，也可作為行道樹或庭栽林木，還可作為建築及製造器具的用材。果皮含鞣質可做染料，種子也可供榨油或食用。

| 棲所：校園、公園、遊覽區、路邊、海濱、廟宇 | 利用部分：葉子、果實 |

橄欖科	橄欖屬

橄欖

　　常綠喬木，主幹直立，樹形挺直，是理想的庭栽樹種。株高可達10公尺以上。奇數羽狀複葉，互生，具長柄。小葉對生，9～15枚，革質，長橢圓形，全緣，先端銳尖。春季開花，圓錐花序，頂生或腋生，不甚明顯。花瓣3枚，黃白色。核果長卵形，長3~4公分，熟時黃綠色，果核兩端銳尖。

特徵　嫩枝常有鏽褐色短毛。果實成熟時，果農通常會鋪帆布，再持竿敲打促使其脫落，即可撿拾供加工利用，甚為奇特。

食用　橄欖可生食，澀中帶甘，但通常醃漬為乾果或蜜餞，若製成「黃色的橄欖乾」，還可以治骨鯁。

別名　青果、甘欖、黃欖、白欖。（客家名：假〈《ㄚˊ〉欖〈ㄋㄢˇ〉仔）

奇數羽狀複葉

橄欖結果，成熟時黃綠色。

圓錐花序，開於枝梢或葉腋，花白色，小型。

棲所：種植於低海拔山區、平野及藥用植物園、林業試驗所、森林遊樂園等

Canarium album (Lour.) Raeusch.

喬木及灌木　多年生草本　二年至二年生草本　其他

果實橢圓形

單葉互生，葉柄兩端膨大。

果核兩端尖銳

未熟果青綠色，也稱為青欖。

約40公分

白色小花頂生或腋生，圓錐花序。

▲亦名為「橄欖」的錫蘭橄欖，易與橄欖混淆，為杜英科植物，常栽培成行道樹。

用途

性平、無毒，有消酒毒、開胃、止瀉、生津液、止煩渴、解河豚毒、解酒等功效，可治初生胎毒、唇裂生瘡、急性細菌性痢疾、耳足凍瘡、咳嗽痰中有血、魚骨鯁、風濕關節痛、癲癇、手腳麻木。以橄欖葉煎水洗患部，可治漆瘡。

利用部分：果實、核、仁、根

喬木及灌木 多年生草本 一年至二年生草本 其他

棕櫚科	可可椰子屬	*Cocos nucifera* L.

椰子

　　常綠中型喬木，單幹不分枝，莖上有明顯的環狀葉痕。用途廣泛，除供作果汁外，果核還可剖成兩半當杓子用，葉子在東南亞地區也常用來搭蓋房子或當繩索。株高15～25公尺，徑達30～70公分，基部到頂端幾乎同樣粗細。葉叢生於幹頂，羽狀複葉，革質。整年不定時開花，花為單性，雌雄同株，花序長約2公尺，雄花生於上部或混生，花被3枚，雄蕊6枚，雌花被6枚，子房3室。花後結橢圓形核果，長20～35公分，徑約23公分，熟時為暗褐棕色。

特徵　桿直立，不分枝。特大型的羽狀複葉，常20～30枚叢生於葉樹梢。大核果橢圓形，側邊二稜突起，成熟時黃褐色，幼時核的內壁會形成薄層的乳白色胚乳，俗稱「椰蓉」。

食用　重要的夏季飲料，有「半天水」的美稱，但台灣椰子不似泰國椰子清甜，只是淡淡的一股鹹甜味。果肉可食用或製成椰乾、椰粉或煉製椰油。

別名　可可椰子、椰瓢、椰標、椰仔、越王頭、胥餘、生命之樹、天堂之樹。（客家名：椰仔）

椰子瓢。核果長20～35公分，徑約23公分。

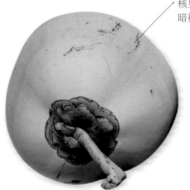

核果橢圓形，熟時為暗褐棕色。

用途

椰子瓢性平、無毒，有益氣治風功效。椰子漿性溫、無毒，可生津利尿、治療熱病、止消渴，用來塗抹頭髮可以變黑。椰子皮性平、無毒，有止血作用。果肉有益氣、祛風寒、驅蟲、令人面色潤澤等功效。

約18公尺

多年生植物，單幹不分枝，葉為羽狀複葉，常20～30枚叢生於樹梢。

棲所：種植於學校、田野、路邊、公園　　　利用部分：瓢、漿、皮、殼

| 茜草科 | 仙丹花屬 | *Ixora chinensis* Lam. |

仙丹花

　　常綠灌木，是極佳的綠籬，平常一片青綠，花開時則豔紅一片，花期又長，相當迷人，修剪後尤佳，是庭栽的難得花卉。據說當初有人為了買它治病而賣掉孩子，因此就叫「賣子木」，很有意思吧！株高約1～3公尺，全株光滑無毛，側枝多向上筆直生長。葉對生而富革質，呈長倒卵形，全緣無缺刻，兩面光滑，但表面色較濃綠，有側脈5～7對，托葉呈三角形。花為頂生繖聚花序，呈半球形，紅色花最為常見，也有白花、黃花的品種，本省開花期在五月到十月，以六、七月花容最盛，可謂「開紅了一夏」；花後結圓形核果。

特徵　看到圍籬開出紅繡球般的花卉，又是成簇成堆時，就可斷定是「仙丹花」，另外一個名字就是「繡球花」，花形真的像繡球。果實狀如小型版的檸檬，熟時豔紅可食。

別名　紅繡球、買子木、賣子木、山丹花、三段花、矮仙丹。（客家名：賣子木、繡球花）

▲開黃色花的品種

花序半球形，形如繡球，通常為橙紅色。

表面深綠色，背面淡綠色。

葉長倒卵形，兩面光滑。

約30公分

常綠灌木，花開時則豔紅一片，花期很長，可以從五月開到十月。

用途

味甘微鹹、性平、無毒，有清肝、活血通絡、止痛、安胎等功效，可治高血壓、月經失調、筋骨折傷、跌打扭傷、瘡瘍，是有名的婦科用藥（包括調經、安胎、除惡褥等）。

棲所：校園、公園、休閒農場、一般住家等　　　　利用部分：枝葉

| 天門冬科 | 朱蕉屬 | *Cordyline fruticosa* (L.) A. Chev. |

朱蕉

　　多年生常綠灌木，在藥用上占有一席之地，葉子經過改良後更富變化，由於樹形美、色彩亮麗，已成為園藝界新寵。莖直立，株高為1～2公尺，若是盆栽則生長較為緩慢，植株會較為矮小。莖單一或分枝，全株除了青綠色外，紅色占了絕大部分。葉輪生，細長劍形，全緣，葉邊常帶深紅色，在陽光下十分搶眼，葉端漸尖，葉基鈍狀，主脈紫紅色、清晰，葉柄長，約有10～15公分，葉片尖滑，不過常有線條狀的皺紋，老葉呈下垂狀，新葉則向上伸展，葉柄有深溝。春夏間開紫紅色或白色小花，聚集成穗狀花序，子房3室，多數胚株。果實為球形漿果，但大都不結實，採扦插法或高壓法繁殖。

特徵　葉呈劍形，簇生於莖頂，葉面有黃、乳白、綠、紅、紫褐、赤褐色等斑紋變化，葉柄有深溝。

別名　觀音竹、紅竹、紫千年木、五彩千年木、朱竹。（客家名：觀音竹）

葉細長劍形，葉面有褐色斑紋。

約45公分

主脈紫紅色

葉邊常帶深紅色，在陽光下相當醒目。

葉柄長

多年生常綠灌木，株高為1～2公尺，葉片叢生於莖頂。

用途

性涼、無毒，有解熱、祛傷、解鬱、涼血、止血、散瘀、止痛等功效，可治心熱吐血、癆傷吐血、紫斑病、咳嗽、痰多久咳。

棲所：多種植於公園、學校、公共場所、一般住家　　利用部分：葉

柏科	側柏屬	*Platycladus orientalis* (L.) Franco

側柏

　　常綠喬木，一般常種在庭院中當造景或成排栽種為樹籬，因為松柏常青的長壽象徵，所以很受喜愛，在祖墳或祖堂的植樹造景上都極受歡迎。株高可達10～20公尺或成灌木狀，樹形為狹圓筒狀或三角形尖塔狀，小枝扁平或圓形，老枝為圓柱形。鱗狀葉交互對生，排列成四行，緊貼在枝上，叢聚成密密麻麻，不易見到枝幹，針狀葉輪生，兩者混雜生長，葉呈狹披針形。春天開黃色或紫色花，球形，生於枝頭。毬果卵圓形，熟前肉質，藍綠色；熟後木質化，呈深褐色，先端開裂，散出種子。

特徵　樹皮紅褐色，呈鱗片狀剝落。枝葉特殊，樹形為狹圓筒狀或三角形尖塔狀，小枝扁平或圓形，老枝為圓柱形。有鱗狀葉及針狀葉兩種，鱗狀葉交互對生，緊貼枝上；針狀葉輪生。

別名　柏、香柏、扁柏、圓柏。（客家名：扁柏、側柏）

春天開花，花球形，生於枝頭。

葉呈狹披針形

鱗葉對生，針葉輪生，兩者混雜生長。

約50公分

常綠喬木，樹形為狹圓筒狀或三角形尖塔狀。

用途
性平、無毒，有養心安神、潤腸通便等功效，可治月經提前且量多色鮮、血虛失眠、腸躁便祕、小便出血、大便出血、久咳、百日咳、贅疣、癲瘡、頭髮不生、齒蚀腫痛。

棲所：種植於學校、公園、廟宇、遊樂區、一般住家	利用部分：葉、仁

菊科	蘄艾屬	*Crossostephium chinense* (L.) Makino.

蘄艾

　　常綠多年生亞灌木，老態龍鍾的古木樹形及特殊的鐵灰色葉子，不管盆栽、庭栽都極具觀賞價值，是觀賞及藥用兼具的普遍樹種。株高30～60公分，分枝常形成圓形灌叢，有強烈香氣。葉互生，羽狀分裂，在枝椏頂端排成冠狀，柔革質，全緣，灰白色，長橢圓形或倒卵形，葉背密生白毛，鈍頭，基部楔形。早春開黃色頭狀花，密著於莖梢，排列成穗狀；單生或者生成總狀花序，花冠筒狀。花後結瘦果，具五稜。

特徵　葉、花是辨識重點，葉柔革質，為羽狀分裂，粉白色、毛茸茸的葉子在枝椏頂端排成冠狀，葉背密生白毛。花為黃色頭狀花，球形，密著於莖梢，排列成穗狀，單生或形成總狀花序。

食用　為東引海芙蓉藥酒的主要原料。

別名　玉芙蓉、海芙蓉、芙蓉、芙蓉菊、祈艾、木百香、千年艾、白石艾。（客家名：海芙蓉）

葉密被灰白色茸毛，具香氣。

葉柔革質，羽狀分裂。

用途

性平、無毒，有安胎、調經、止吐血、祛風及轉骨等功效，可治風濕痛、關節炎、傷風、頭風、月內風、肺病、敗腎、打傷、刀傷、小兒胎毒、月經失調、止吐血、下痢、頭痛、腹水、慢性盲腸炎、神經痛、胸痛。

約40公分

多年生亞灌木，分枝常形成圓形灌叢，是觀賞及藥用兼具的普遍植物。

棲所：自生於山區、平野、路邊、圳畔，現多為種植　　利用部分：全草

蘇鐵科	蘇鐵屬	*Cycas revoluta* Thunb.

蘇鐵

　　常綠小灌木，屬於裸子植物，全株外形及花都有相當的可觀性，花有雌雄之分，過去一直是園藝界寵兒，一度身價百倍。株高可達5公尺，葉叢生於莖頂，大葉羽狀，互生，為線狀長橢圓形，長1～2公尺；小葉線形，長2.5～7公分，全緣，質硬，向內側反捲。初夏時節開棕色花，雌雄異株，雄花由多數鱗片狀雄蕊螺旋狀排列而成，長圓錐狀筒形，狀似松毬；雌花自葉叢中心抽出，呈球形。毬鱗葉片狀，有長柄，柄上著生2～4枚胚珠。花後結紅熟的橢圓形果實，種子扁球形，外種皮橙紅色。

特徵　花是最特殊的地方，有雌花雄花之分，雄花為長棒狀，雌花狀若圓形的神燈罩。

食用　種子別稱千年棗、萬歲棗，有消炎去痰、養顏美容等功效，去皮磨粉可供食用。

別名　鐵樹、鳳尾蕉、鳳尾松、無漏子、鐵蕉、波斯棗、番棗、番蕉。
　　　　（客家名：鐵樹）

大葉羽狀，互生，為線狀長橢圓形。

小葉線形，全緣，質硬。

葉叢生於莖頂

約30公分

母蘇鐵

用途
性涼、無毒，有止咳、通經、洗刀傷等功效，可治咳嗽、通經、虛火牙痛、肺結核咯血、腎虛腰痛、婦女經閉、難產、白帶、感冒、風濕關節炎、經痛、出血症、高血壓、胃潰瘍、胃炎、神經痛、癌症、遺精、跌打損傷。煎汁可洗滌傷口。

棲所：自生於台灣東部山谷、東海岸山脈，目前有種植	利用部分：葉、花、種子

葉下珠科	重陽木屬

茄冬

　　半落葉性大喬木，樹冠開展寬闊，枝葉茂盛，隨遇而安，種子隨著鳥糞到處散播，即使是其他樹上、牆壁、石頭上，一樣都能長得很好，所以台灣所謂的百年老樹「大樹公」，有許多即為本種。株高可達18公尺，全株光滑無毛，老樹幹有瘤狀突起，樹皮赤褐色，有片屑狀剝落。葉互生，具長柄，為三出複葉，每一個葉柄頂端長出三片小葉；小葉呈橢圓形或長橢圓形，先端突尖，鈍鋸齒緣，中肋兩面均隆起，具短柄。春天開黃綠色花，雌雄異株，為圓錐花序，腋出，花期長達三個月。花後結球形漿果，成熟時深褐色。

特徵　雌雄異株，黃綠色的花甚小，沒有花瓣；球形略扁的深褐色漿果往往成簇成串地掛滿樹上，十分醒目。

食用　果實、嫩葉均可食用，是野外求生食物。葉子是茄苳蒜頭雞的佐料，塞入土雞中燉熟，美味可口，可益肺補氣；葉子還可泡茶，是茶葉的替代品。果實以糖燜2～3天，滋味甜美。

別名　重陽木、茄苳樹、秋楓樹、胡楊、紅桐、赤木、烏楊、加冬。
　　　（客家名：茄苳樹）

小葉呈橢圓形或長橢圓形

春天開黃綠色花，為圓錐花序。

棲所：自生於山區，也種植於校園、公園、遊樂區

Bischofia javanica Blume

三出複葉，每一葉柄頂
端長出三片小葉。

漿果球形，成熟時深褐色，味甜
多汁，常吸引野鳥光顧。

約
60
公
分

半落葉性大喬木，樹形寬闊，枝葉茂密，是台灣著名
的行道樹。

用途

性寒、無毒，有解毒、解熱、益筋骨、利
尿、消炎、助發育等功效，可治風濕骨痛、
氣血鬱滯、肺炎、哮喘、胃病、遺精、感
冒、赤白痢疾、骨癰、腹內腫毒、貧血、兒
童發育不良、小孩轉骨、哮喘、腹痛、瘡
疽、血氣鬱滯、食道癌、咽喉炎、脾胃不
開、小兒疳積、皮膚炎。

利用部分：葉、皮、根

薔薇科	枇杷屬	*Eriobotrya japonica* (Thunb.) Lindl.

枇杷

　　常綠喬木，因果形類似樂器琵琶而得名，是製造川貝枇杷膏的主要成分。因為結果丰姿優美，是盆栽和庭栽的好材料，目前台灣山區還經常可見歸化的枇杷。株高5～10公尺，肥枝長葉，全株密被淡褐色茸毛，葉背及花序顯著。葉大形，深綠色，互生，革質，無柄，為長橢圓形或倒披針狀長橢圓形，先端尖，基部銳尖，疏鋸齒緣，在陽光下極為亮麗。盛冬開白色小花，頂生，為圓錐花序，花瓣5，橢圓形。花後結梨形果，徑約3公分，熟時淡黃色，內有1～2顆褐色種子。目前台中、台東有較大規模的經濟栽培。

特徵　枇杷很容易辨認，果實為倒橢圓形，近似倒掛的小梨子，熟時淡黃色，有茸毛。

食用　果實可鮮食，任何體質的人都可食用。

別名　盧桔、金丸、金彈。（客家名：枇杷）

葉大形，深綠色，長橢圓形或倒披針狀長橢圓形。

葉緣鋸齒狀

果實梨形，成熟期約在三至四月，為春季水果。

常綠喬木，肥枝長葉，四時不凋，花期九至十二月，開白色小花。

約60公分

用途

果實、花、葉、樹皮、根均有極高療效，有止咳、潤肺、利尿、健胃、清熱、抗老化等功效，可治咳嗽、黃疸、流感、小兒驚風發熱等，對肝膽疾病也有療效。

棲所：山區、坡地、平野、丘陵地、藥用植物園、一般住家　｜　利用部分：葉、實、花、木

花後結葫蘆形果，未熟時
綠色，熟時黃色。

| 薔薇科 | 薔薇屬 | *Rosa hybrida* Hort. *ex* Schleich |

營實薔薇

　　落葉或半常綠性灌木，是極本土的花卉，生長勢旺盛，若培植得宜根部往往分枝茂密，花開時一片花海，相當壯觀。可惜目前數量銳減，不如玫瑰受歡迎了。株高約1～2公尺，刺多且不整齊，分枝多，全株光滑無毛。葉為奇數羽狀複葉，小葉通常有5枚，兩面或僅葉背被短柔毛，葉緣有銳鋸齒。春夏間開花，花芳香，單瓣重瓣都有，下垂或斜生於長有細長腺毛的花梗上，花梗多光滑無刺，花瓣多內曲，萼片永存，品系繁多，花色極為繁複，有白、黃、紫、紅等多種顏色。花後結葫蘆形果，未熟時綠色，熟時黃色。

特徵　薔薇、玫瑰（見68頁）同一家，本來就不易區分，一般來說前者花形較小、成簇開花且多為粉紅色，易結果；後者經雜交改良後花碩大、多單生，不易見到果實。

食用　薔薇的花可以油炸食用，也可以打果汁及供提煉香精。花苞乾燥後，可以直接當成花茶原料使用。

別名　薔薇、山棘、牛勒、刺花、雜交玫瑰。（客家名：薔〈ㄒㄩㄥˊ〉薇）

羽狀複葉，小葉
通常5枚。

葉緣有銳鋸齒

葉柄有細毛和刺

園藝品種繁多，花色花形不一，
單瓣或重瓣都有。

用途

性平、無毒，有活血理氣、除脹調經等功效，可治糖尿病、骨鯁、拔膿、小兒尿床、癰疽、消渴、尿多、小便失禁、口咽痛癢、小兒疳痢、口舌糜爛、癰腫節毒、養胃散鬱、白帶赤帶、男子遺精、上腹脹滿、月經不調、淋巴結核。

約
30
公
分

半常綠性或落葉灌木，枝條伸展且有銳刺。

| 棲所：種植於公園、學校等 | 利用部分：根、花、果 |

薔薇科	薔薇屬

月季

　　常綠灌木，花多豔麗，成簇生長，極具觀賞價值，和薔薇、玫瑰都是校園、庭園栽培的重點花卉。株高約60～90公分，枝條圓柱形，有三稜狀鉤形皮刺。葉互生，為奇數羽狀複葉，小葉3～7枚，邊緣有細鋸齒，小葉柄上有毛及刺，總葉柄基部有托葉，邊緣有腺毛。春天開深紅色或血紅色花，通常數朵簇生，總苞2片，披針形，先端長尾狀，表面有毛，邊緣有腺毛，花萼5枚，向下反捲，有長尾狀，銳尖頭，長羽狀分裂；花瓣倒卵形，先端圓形，脈紋明顯，呈覆瓦狀排列，雄蕊多數，著生在花萼筒邊緣的花盤上；雌蕊也多數，包於壺形花托的底部，子房有毛。花後結卵形或陀螺形果實。

特徵　通常開深紅色或血紅色小花，以數量取勝，通常數朵簇生枝端。薔薇（見65頁）的花多為粉紅且單生，玫瑰（見68頁）則是花形大且花色豔麗。

別名　月月紅、勝春、瘦客、鬥雪紅、四季春、長春花、綢春花、月月開、四季花、四季薔薇。（客家名：四季紅、月季紅）

花瓣倒卵形，先端圓形，
呈覆瓦狀排列。

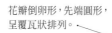

月季花的花色通常為
紅色系

約
60
公
分

枝幹直立、蔓性或匍匐性，莖的表皮通常有鉤刺，是常見的觀賞花木。

棲所：種植於學校、公園、遊樂區、植物園及一般住家

Rosa chinensis Jacq.

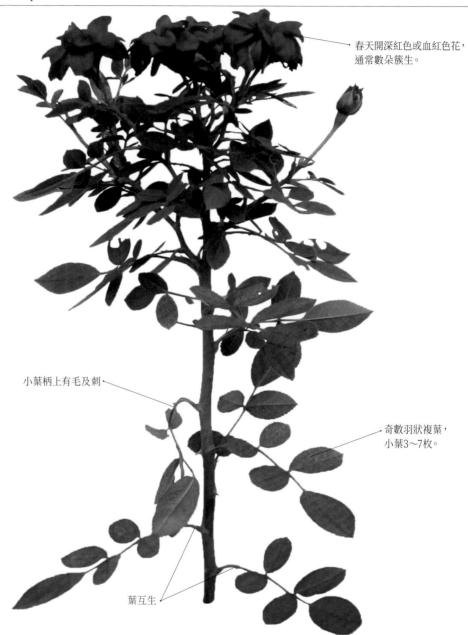

春天開深紅色或血紅色花，通常數朵簇生。

小葉柄上有毛及刺

奇數羽狀複葉，小葉3〜7枚。

葉互生

用途

性溫、無毒，有活血、消腫、去毒等功效，可治痛經、月經不調、白帶、頸淋巴結核、遺精。注意：脾胃虛弱的人慎用，孕婦忌用。鮮草搗敷，可治無名腫毒、跌打損傷。

利用部分：花、根、葉

喬木及灌木 ｜ 多年生草本 ｜ 一年至二年生草本 ｜ 其他

| 薔薇科 | 薔薇屬 | *Rosa rugosa* Thunb. |

玫瑰

　　直立灌木，是專供校園、庭園栽培的花卉，也適合盆栽，是用途極廣的特殊花卉，大量應用在插花和花束方面，尤其是生日、節慶及祝賀時。株高約90～120公分，枝有三稜形鉤狀皮刺。葉互生，奇數羽狀複葉，小葉橢圓形，邊緣有尖鋸齒，葉背被以網狀白粉或短柔毛。春末開花，花數朵簇生或單生，花梗短且有刺，花托平滑，花色豐富，有紫紅色、紫色、白色、黃色、粉紅色和其他雜色。花後結扁球形的紅色果實。

特徵　玫瑰、營實薔薇（見65頁）、月季（見66～67頁）都是薔薇屬，三者雖然相似，但仍有可辨識的依據：玫瑰，多刺，花形大且花色豐富；營實薔薇花小，大都為粉紅色；月季，刺少，花最小，重瓣，往往數朵聚生枝頭。

食用　花可供提煉香水，還可入麵粉油炸食用，也可作玫瑰露酒、花茶及生機飲食的材料。

別名　梅桂、徘徊花、庚甲花、刺玫花。（客家名：玫瑰）

花形大且花色豐富

▲優雅的白花品系

約75公分

落葉灌木，枝有三稜形鉤狀皮刺，奇數羽狀複葉，花數朵簇生或單生。

用途

性溫、無毒，有活血散瘀、消腫、解毒、調經、理氣解鬱等功效，可治經痛、月經不調、赤白帶。

棲所：種植於公園、學校、遊樂區和一般住家　　利用部分：花

錦葵科	木槿屬	*Hibiscus taiwanensis* S. Y. Hu

山芙蓉

　　落葉灌木或小喬木，全台普遍生長，由於易採易種且樹形美、花色多變，已成為庭栽的重要花卉。株高約2～4公尺，全株被星狀短柔毛，莖硬直立，分枝多，表面粗糙具長柄。葉互生，圓形，常5裂，上下表面均被星狀毛，由基部向上、向外伸出7條葉脈，即通稱的「掌狀葉脈」。通常在秋天間開花，腋生，萼5片，花冠5瓣，花朵碩大，徑約10公分，每瓣有鮮明的紅色直紋，花有單瓣重瓣，花苞深綠色，有10枚苞片。花謝後即結錐形蒴果，成熟時為土褐色，內有十數粒褐色種子。

特徵　花色一日數變，清晨初開時是白色或淡粉紅色，中午是浪漫的粉紅色，傍晚又轉為豔麗醒目的深紅色，因此有「三醉芙蓉」之稱。花謝後立刻結錐形蒴果。

別名　芙蓉花、醉芙蓉、地芙蓉、木蓮花、鐵箍散、拒霜花、三醉芙蓉、三變花、旱芙蓉、霜降花。（客家名：山芙蓉、山炮仔）

葉緣呈粗鋸齒

花期八至十月，花朵碩大，花色多變。

葉互生，淺5裂，呈五角狀心形。

每枚花瓣都有鮮明的紅色直紋

約120公分

落葉灌木或小喬木，枝、葉柄及花梗均被星狀毛及短柔毛。

用途

性平、無毒，有消炎、解毒、解熱、涼血止血、消腫排膿等功效，尤其傷科方面，不管內服外用皆宜。可治毒蛇咬傷、一切腫毒、瘡瘍、肺癰、膿胸、牙痛、肋膜炎、手腳扭傷。外用：搗汁塗敷，可治燙傷、火傷及跌打損傷等外傷。

棲所：自生於山區、荒野、河床，或種植於公園、學校、住家	利用部分：莖葉、花

錦葵科	金午時花屬

金午時花

灌木狀之多年生草本直立亞灌木，在大量使用木材為燃料的時代，是最佳的取火材料，因為產量多，隨處可取，砍下曬乾後打成草結當燃料，一點即著。株高50～150公分，全株被星狀毛或光滑，分枝多，莖幹頗為剛韌。葉互生，為圓形或長橢圓狀披針形，葉脈清晰，有鋸齒緣，托葉線形，葉柄短，不及1公分。夏天開花，單花，腋生，花梗長約1公分，花冠黃色，有5瓣，花瓣倒卵形，凹頭，子房有毛，先端有2芒，但不會刺人。花後結倒卵形蒴果，徑約0.5公分，未成熟時為深藍色，成熟時為褐色。

特徵 日正當中，只要走在鄉間的小路上，不難在路旁發現提著朵朵金燈的矮灌木叢，那就是金午時花，別名就叫「蛇總管」。

別名 賜米草、悶仔頭、黃花稔、四米頭草、白背黃花稔、鬼柳根、蛇總管、尖四米仔蜜、嗽血仔草、地索仔。（客家名：悶仔頭、黃悶仔）

直立亞灌木，分枝多，生長勢極強。枝幹直立、蔓性或匍匐性。

花如黃豆般大，通常早上開始綻放，到中午左右完全盛開，過午便謝。

莖多分枝

約45公分

▲開花狀態

棲所：自生於山區、平野、路邊、河畔、荒廢地

Sida rhombifolia L.

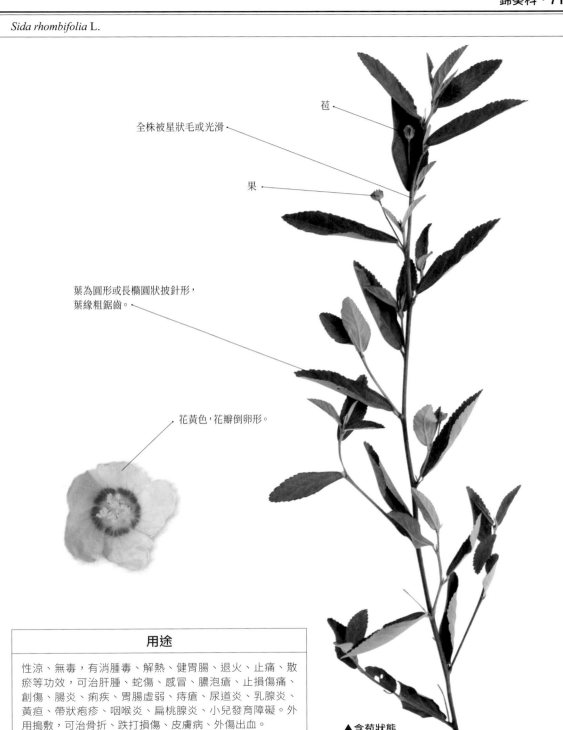

苞

全株被星狀毛或光滑

果

葉為圓形或長橢圓狀披針形，
葉緣粗鋸齒。

花黃色，花瓣倒卵形。

▲含苞狀態

用途

性涼、無毒，有消腫毒、解熱、健胃腸、退火、止痛、散
瘀等功效，可治肝腫、蛇傷、感冒、膿泡瘡、止損傷痛、
創傷、腸炎、痢疾、胃腸虛弱、痔瘡、尿道炎、乳腺炎、
黃疸、帶狀疱疹、咽喉炎、扁桃腺炎、小兒發育障礙。外
用搗敷，可治骨折、跌打損傷、皮膚病、外傷出血。

利用部分：全草

忍冬科	忍冬屬

金銀花

　　半常綠性蔓性灌木，一般都栽植成庭園圍籬，因花初開時白色、後轉為金黃色而得名。在SARS疫情剛發生之際，具有抗病毒作用的金銀花一夜之間身價百倍，由一斤數十元飆到千元以上，而且還供不應求。株高約可攀爬1～2公尺，全株被柔毛，主莖木質化。葉對生，全緣，橢圓形，長約3～6公分，寬約2～3公分，先端圓鈍，基部圓鈍形或近心形。春夏間開花，腋出，成對成雙，雄蕊5枚，花柱頭狀，比雄蕊略長，有一股清香味。花後結球形漿果，成熟時為黑色。

特徵　有名的「變色花」，初綻放時為純白色，後再轉為金黃色。此外，花形也很奇特，花成對腋生，有長管狀的花冠，長約3～4公分，其中的蜜汁十分香甜。

食用　曬乾的花苞可泡茶，有解毒、退火、消炎等功效，可代茶飲。

別名　忍冬、鴛鴦藤、左纏藤、鷺鷥藤、金銀藤、雙花、二寶花、銀花。（客家名：銀花、金銀花）

約20公分

花成對著生，初開時白色，然後逐漸轉黃而至凋萎。

半常綠性灌木植物，全株被柔毛。

棲所：種植於全台藥用植物園、藥園、農業改良場、農場、休閒農場

Lonicera japonica Thunb.

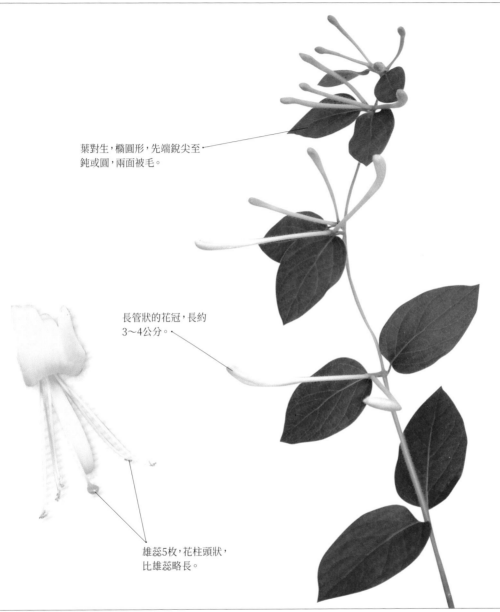

葉對生，橢圓形，先端銳尖至
鈍或圓，兩面被毛。

長管狀的花冠，長約
3～4公分。

雄蕊5枚，花柱頭狀，
比雄蕊略長。

用途

性寒、無毒，有解毒、退火、消炎、抗菌、抗病毒、免疫調節、活絡舒經、抗癌散腫等功效，可治咽喉炎、腮腺炎、上呼吸道感染、肺炎、流行感冒、蕁麻疹、風濕性關節炎、疔瘡癰腫、腹脹、細菌性痢疾、腸炎、高脂血症、傳染性肝炎、皮膚感染、癌症、肺膿瘍、乳腺炎、扁桃腺炎、盲腸炎、陰道感染，以及放射線治療及化學治療引起的口乾症等。

利用部分：全草

禾本科	芒屬 芒｜甘蔗屬 甜根子草

芒

　　台灣常見的多年生草本植物，一望無際的芒花海將台灣的秋野點綴得璀璨爛漫。芒株高約1～2公尺，地下莖發達，莖節處常有粉狀物，且莖節堅硬無比，不似牧草般鬆軟。葉長披針形，約20～30公分，葉緣含有矽質，會割傷皮膚。農曆五月抽穗開花，圓錐花大型，長約30～50公分，小穗成對著生，但是穗柄不等長，基部有成束的紫紅色毛。花後結長橢圓形穎果。閩南人常常把「菅」和「芒」混在一起，稱「菅芒」，其實「菅」和「芒」是兩回事，在青草藥中，「菅」是地筋，「芒」通常指五節芒。

特徵　葉及花最為特殊，葉緣含有矽質，堅硬鋒利，容易割傷人。花紅中透白，不似蘆葦的紫、茅花的白、地筋的白裡透黃。客家人以「莎蔗」稱之，是否更為貼切呢？

食用　頂端嫩心可食用；也用於生機飲食，與牧草有異曲同工之妙。

別名　杜榮、五節芒、笆芒、笆茅、芒草、菅草、寒芒。（客家名：莎蔗仔、五節芒）

約180公分

多年生草本植物，地下莖非常發達，野外花開時常會形成一望無際的芒花海。

棲所：山區、圳溝邊、荒廢地、河床等日照充足的地方

芒 *Miscanthus* sp. ｜甜根子草 *Saccharum spontaneum*

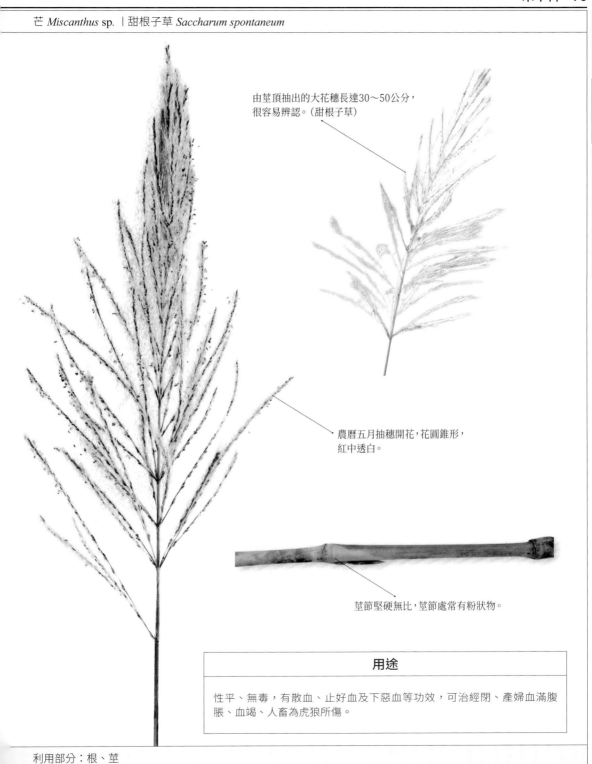

由莖頂抽出的大花穗長達30～50公分，很容易辨認。（甜根子草）

農曆五月抽穗開花，花圓錐形，紅中透白。

莖節堅硬無比，莖節處常有粉狀物。

用途

性平、無毒，有散血、止好血及下惡血等功效，可治經閉、產婦血滿腹脹、血竭、人畜為虎狼所傷。

利用部分：根、莖

禾本科	淡竹葉屬	*Lophatherum gracile* Brongn.

淡竹葉

　　多年生草本植物，株高30～60公分，根莖短縮而稍木質化，稈直立且中空，節明顯。葉互生，披針形，全緣，有明顯的小橫脈，脈葉平行，背面葉脈並排為長線形。夏秋間結紅褐色的小長穗，圓錐花序，長10～20公分，屬頂生花，分枝長5～10公分，小穗疏生，線狀披針形，長不及1公分，每一小穗有花數朵，但僅1朵發育，有2枚雄蕊。花後結橢圓形穎果，深褐色。

特徵　鬚根稀疏，為淡黃色，中部常膨大為紡錘形的塊根（即《本草綱目》中所言「鬚上結子」）。莖叢生，往往十數株或數十株叢聚；葉披針形，似竹葉。

食用　有清熱、解渴、利尿作用，是煮青草茶的上上之選，炎炎夏日裡喝上一杯單味「淡竹葉」茶，醇厚中帶著清香直透心脾，可謂人間一大享受。根苗可搗汁和米作酒麴，味道芳香濃郁。

別名　山雞米、碎骨子、小竹葉、竹葉、竹葉草、竹葉麥冬、水竹、山雞穀。（客家名：淡竹葉、山竹仔）

葉披針形，形似竹葉。

約60公分

多年生草本植物，稈細長直立且中空，叢生於根莖上。

用途
性寒、無毒，有清熱、解渴、利尿、祛黃痰、鎮咳、化瘀、消炎等功效，可治胃火內熱、肺炎、前列腺炎、腸炎、喉嚨發炎、眼疾、中暑、聲音沙啞、淋病、小便黃濁、流鼻血、口舌糜爛、牙齦腫痛、眼紅發燒、口乾難忍、心煩內熱、小便不利、尿少而紅、尿血、口腔炎、感冒。用根水煎可催生、墮胎。

棲所：自生於坡地、山區、荒野、山溝旁；目前已有種植　　　　利用部分：全草

禾本科	金髮草屬	*Pogonatherum crinitum* (Thunb.) Kunth

金絲草

　　野外求生食物，莖葉可供食用，生食無特殊味道，煮食滋味較佳。生命力旺盛，石壁、山岩都可發現，尤其是圳溝、河堤的水泥砌岸和石縫上更為茂盛。一年生亞灌木，株高約10～30公分，叢生成一大群落分布。草身纖細，稍硬無毛，唯節上有短毛；根鬚狀，浮貼於土表岩石上。葉細小質薄，呈廣線形或狹長披針形，先端尖銳，邊緣粗糙，往往內捲；葉舌甚短、有毛，葉鞘短，上有緣毛。春天開黃褐色的穗狀花序，密生黃褐色軟毛，小穗廣披針形。穎果先端，有長約0.1公分的纖細芒，第四穎果之芒完全，長達1.5公分，為黃褐色。

特徵　在野外常會不經意地發現灌溉圳溝岸上的水泥塊上，長著
　　　　一簇簇隨風搖曳的美麗小草，金黃色的穗狀花序，觸感如
　　　　絲絨般輕柔，正如其名。

食用　全草曬乾，煮開水飲用。

別名　筆仔草、文筆草、紅毛草、港蘇、金髮草、貓毛草、黃毛草。
　　　　（客家名：筆仔草）

花黃褐色，穗狀花序，
密生黃褐色軟毛。

約
20
公
分

一年生亞灌木，株高約10～30公分，叢生成一大群
落分布。

葉細小質薄，呈廣線形
或狹長披針形。

用途
性寒、無毒，有散血、利尿、止渴、消炎、解熱、解諸藥毒等功效。可治婦人血崩、癰疽疔腫、發熱、口渴、肝炎、糖尿病、白帶、小兒煩熱不解、小兒尿短、泄瀉、血淋、感冒發熱、尿道炎、腎炎水腫、中暑、尿路感染。

棲所：向陽山坡、荒野、圳溝邊、河畔	利用部分：全草

禾本科	白茅屬

喬木及灌木　多年生草本　一年至二年生草本　其他

白茅

　　多年生草本植物，因為穗狀花序密生白色的絲狀毛，遠看一片白茫茫，故有此名。株高30～80公分，地下莖發達，長而多節，汁甘香而微甜；地上部的莖直立，簇生，圓柱形，光滑無毛。葉由根、莖中抽出，線形或線狀披針形，有平行脈，主脈明顯突出於背面，全緣、劍形，堅硬鋒利，易傷人手。春、夏間開白色小花，頂生，初生時為紅褐色，慢慢變成白色，長出柔毛。花後結橢圓形瘦果，暗褐色，成熟果被白色長柔毛。

特徵　發達的黃白色地下莖及白色穗狀花序是主要的辨識特徵，由於對生長環境一點都不挑剔，隨處都可見其蹤影，且一株只開一枝白色花，如茸毛一般，這種頂生穗狀花序，在原野中非常搶眼，若聚生時放眼一片白茫茫，相當壯觀。

食用　嫩芽、嫩莖及嫩花穗都可生食，有股清甜香味，也可加糖或鹽食用，根莖可如蘆筍般料理，也是煮青草茶的上品原料。

別名　絲茅、茅草、地筋根、甜根、蘭根、地筋、茹根、茅柴、毛節白茅、千茅、茅仔草、茅萱、茅針、茅夷、紅茅公。（客家名：茅仔、茅根）

開白色小花，穗狀圓錐花序可長達20公分。

一株只開一枝花

約60公分

多年生草本植物，深根性，植株緊密簇生，莖稈挺立。

棲所：自生於山區、河床、石礫地、荒廢地等乾旱區

Imperata cylindrica (L.) Beauv. var. *major* (Nees) Hubb.

地上部莖直立，圓柱形，
光滑無毛。

嫩白的地下莖，有節，
供橫走式繁殖。

用途

性寒、無毒，有補中益氣、通血脈、利尿解熱、清血、涼血、止血補血、解酒等功效，可治酒毒、氣喘、打
嗝、發燒、高血壓、淋病、尿閉、麻疹、水腫、腎炎、肺胃內熱、尿血便血、流鼻血、黃疸、肝炎、刀傷出
血。

利用部分：地下根、花

豆科	含羞草屬	*Mimosa pudica* L.

含羞草

　　多年生灌木狀草本植物，莖生長毛和銳刺，有紅莖和白莖兩種。株高約20～60公分，葉互生，二回羽狀複葉，總柄很長，基部膨大成為葉枕，小葉片被有長毛，邊緣常帶紫色。春末至初秋開花，頭狀花序圓球狀，紫紅色，常2～4個簇生，花瓣4裂，雄蕊4枚，雌蕊1枚。節莢果2～4節，每節含1粒種子，成熟後自節處節節斷開，只留下空骨架，十分有趣。

特徵　全株具毛茸和銳刺，一不小心就會扎傷人。最大的特點是葉柄基部有膨大的葉枕，只要輕輕碰觸就會閉合下垂，但一下子又會甦醒過來，恢復原來的樣子。五○年代初期，台灣的校園內或多或少會種一些，常是學生的試驗品，一碰觸葉子就會閉合似「睡覺」貌。

食用　根部可泡酒服用，或與酒一起煎服。

別名　呼喝草、指按草、知羞草、怕羞草、怕癢花、懼內草、見誚草、羞誚草。（客家名：見笑草）

春末至初秋開花，花序圓球狀，紫紅色。

總柄基部膨大成為葉枕

節莢果2～4節，每節含1粒種子。

葉互生，二回羽狀複葉，葉子一經觸碰就會閉合。

約35公分

用途

性平、無毒，有清熱、安神消積、解毒等功效，可治慢性肝炎、腎炎、糖尿病、骨刺等。

多年生灌木狀草本植物，莖有長毛及銳刺。

棲所：向陽的荒廢地、荒野、河床、路邊	利用部分：全草

| 菊科 | 艾屬 | *Artemisia lactiflora* Wall. |

角菜

　　多年生宿根草本植物，藥、食、觀賞三者皆宜。株高約30～80公分，全株光滑或被蛛絲狀疏毛，莖部老化後呈半木質化，有縱向的條狀突起。葉互生，下部葉長達20餘公分，羽狀深裂，卵形或卵狀披針形，先端尖，邊緣有粗鋸齒，莖上部葉較小而短，背面綠白色。秋季開乳白色小花形成頭狀花序，數量極多。花後結橢圓形瘦果，有稜，缺乏冠毛，因此散布範圍有限。

特徵　莖葉有一股特殊香味，中國古代有些帝王視為珍饈，有「皇帝菜」美譽。有綠莖及赤莖兩種，赤莖種的葉柄、葉背、葉脈都是深紫色；整個圓錐花序長30～50公分，全體為乳白色。

食用　幼株及嫩葉可食，葉子帶有一股清甜的淡菊花味，目前已是一般家庭的家常菜。但在藥用上，體虛多寒者及孕婦要小心使用；尤其用於婦女調經時，宜酒洗或酒炒為佳。

別名　甜菜、甜菜子、香芹菜、香甜菜、皇帝菜、鴨腳艾、白苞蒿、珍珠菜、四季菜、乳白艾、納艾。
　　　　（客家名：甜菜、香芹菜）

葉互生，小葉的葉緣有粗鋸齒狀的缺刻。

約30公分

多年生宿根性草本植物，煮湯極為清甜，因此稱為甜菜或香甜菜。

用途

性微寒、無毒，具清熱涼血、調經、理氣活血、利濕消脹、消腫解毒等功效，可治赤眼發炎、肝硬化雞兒腸慢性肝炎、腎炎水腫、蕁麻疹、濕疹、疝氣、月經不調、血熱經閉、白帶、赤帶。鮮品搗敷，可用於治療跌打損傷、瘡瘍。

莖的顏色因品種而異，常見者有赤莖及綠莖兩種。

| 棲所：全台各地都有種植，尤其是鄉下人家 | 利用部分：全草 |

菊科	艾屬

艾

　　多年生草本，野外求生植物，全草可食，生食、煮食兩相宜。應用範圍很廣，民間也用於驅邪避凶。株高約30～80公分，莖直立，圓形有溝稜，嫩莖被灰白色毛。葉互生，羽狀分裂，莖下部的葉開花時枯萎，鋸齒緣，表面暗綠色，葉背灰綠色，莖上部葉漸小，3裂或全緣，為長圓形或披針形，有一股香氣。夏秋間開紫紅色小花，由頭狀花序集中為總狀花序，全為管狀花。花後結長圓形瘦果，內藏種子。

特徵　迷人的特殊香味、粉白色的莖及灰綠色的葉背是最大的辨識特點。台灣客家人常常用來製作粄粿，香味持久。

食用　葉子可用於蒸製客家傳統美食的粄粿；入菜食用，可促進新陳代謝及抗過敏。

別名　白艾、冰台、艾蒿、黃草、艾草、家艾、祈艾、炙蒿、野艾、病草、醫草。（客家名：艾〈音同蟻ㄩㄧㄟˋ〉仔）

多年生草本植物，嫩莖被灰白色軟毛。

約30公分

開紫紅色小花，全為管狀花。

▲開花狀態

用途

性微溫、無毒，有散寒除濕、溫經止血功效，可治經血過多、妊娠下血、產後出血腹痛、久痢久瀉、吐血、鼻血不止、便血、痔瘡出血、傷寒時頭痛、神經痛、胸痛、咽喉腫痛、小兒臍風、頭風久痛、脾胃冷痛、心腹氣痛、盜汗不止、腹水、慢性盲腸炎、壯陽、暖子宮、霍亂吐下不止等。外用可治濕疹、皮膚搔癢；鮮草搗敷可治諸蟲蛇傷、疔瘡腫毒。

棲所：自生於山區、田野、路邊、圳旁、鄉下人家屋前後空地；目前已有大規模種植

Artemisia rudica Willd.

葉為羽狀深裂，葉面深綠色，
葉背灰綠色。

莖直立，圓形，
有溝稜。

▲未開花狀態

利用部分：全草

喬木及灌木　多年生草本　一年至二年生草本　其他

菊科	紫菀屬

雞兒腸

　　多年生宿根草本植物，目前栽植的品種很多，多呈群落叢生，相當壯觀，花一般為紫色，現已有改良的白花和黃花新品種，黃花品種稱為「黃菀」、白花品種稱為「女菀」。以花壇布置的角度來看，占有數大便是美的優勢。株高約30～45公分，全株生毛茸，莖直立，單生，表面有淺溝。根生葉大而叢生，匙形，開花時脫落；莖生小葉，互生，披針形或長橢圓形，鋸齒緣，表面多粗糙。秋末開淡紫色花，集生於莖枝頂端而呈頭狀花序，花梗長，上生短毛，邊緣的舌狀花冠淡紫色，中央的筒狀花為黃色。花後結扁平果實，有白色冠毛。

特徵　花雖不大，但很有特色，花色一般是淡紫色，集生於莖枝頂端而呈頭狀花序，一看就知道是菊科成員。舌狀花共有18枚，整齊劃一的圍繞著中央黃色的筒狀花成放射狀排列。

別名　紫菀、小辮兒、紫蒨、返魂草、夜牽、夾板菜、山白菜、軟紫菀，紫菀茸、紫倩、夜牽牛。
（客家名：小菊花、野菊花）

多年生宿根草本植物，全株生毛茸，多呈群落叢生。

約45公分

棲所：種植於學校、公園、植物園、一般住家

Aster iudicus L.

花朵聚生於莖枝頂端，呈頭狀花序。

舌狀花為淡紫色，中央的筒狀花為黃色。

莖生葉互生，披針形或長橢圓形。

莖直立，表面有淺溝。

用途

性溫、無毒，適合各種體質的人，對潤肺止咳、化痰有特殊功效，可治感冒、咳嗽、咯血、肝炎、胃潰瘍、食欲不振、支氣管炎、咳喘、肺結核等。

利用部分：全草

菊科	菊屬

菊花

　　多年生草本植物，新品種不斷推陳出新，盛產期又在春節期間，因此在台灣是極受歡迎的花卉，不管是切花、插花、花束或盆栽、庭栽，無一不可。株高約60～100公分，莖直立，具稜角，表面有細縱溝，全株密被白色柔毛。葉互生，卵狀三角形，邊緣通常羽狀分裂，裂片邊緣有粗鋸齒，葉面深綠色。秋天開花，為頭狀花序，花有白、紅、紫、黃、粉紅等多種顏色，邊緣為舌狀花，中央有多數管狀花，氣味清香。花後結果，果具四稜，無毛。

特徵　全株密被白色柔毛，莖具稜角，表面有細縱溝。花腋生或頂生，為頭狀花序，邊緣為舌狀花，多層，中央有多數黃色的管狀花。

食用　在藥膳上，慈禧太后曾用來入菜；還可供泡茶，是時下流行的健康食品。但是消化不良、下痢、低血壓、關節炎且惡寒、舌苔淡白者，不宜使用。

別名　甘菊花、女節、女華、女莖、節華、日精、更生、傳延年、治蘠、金芷、陰成、周盈。（客家名：菊花、杭菊）

花色、花形繁多，尤以黃色花最為常見。

約30公分

多年生草本植物，秋冬開花，花色繁多，單朵或數朵集生於莖枝頂端。

用途

性平、無毒，有降血壓、平肝明目、散風清熱等功效，可治感冒風熱、肝旺頭痛、眼紅腫痛、體虛、眼睛乾燥、視力模糊、膝風疼痛、眼生翳障、病後生翳、女人陰腫、酒醉不醒、眼目昏花。

棲所：種植於公園、學校、住家、遊樂區，或商業化種植。

Chrysanthemum morifolium Ramat. var. *sinense* (Sabine) Makino

葉卵狀三角形，邊緣
通常羽狀分裂。

花曬乾後可泡茶

葉互生，有短柄。

邊緣為舌狀花，中央有多數
管狀花。

利用部分：花

菊科	地膽草屬	*Elephantopus scaber* L.

地膽草

　　多年生草本植物,是極本土化的植物,幾乎全台都有其蹤跡,只要春天一到,就會不知不覺很整齊地從地下冒出來,不需要刻意照顧就能長得很好。雖然看起來並不起眼,但成群落生長的旺盛生命力,往往把大地妝扮得鬱鬱菁菁,綠油油一片,在草坪的點綴功能上,比起韓國草、馬達加斯加草毫不遜色。野外活動受小擦傷,可將葉片嚼爛後,混合唾液,敷在傷口上,可以迅速止血。株高30～60公分,全草密披白色柔毛,花期時莖上部的分枝特別多。葉互生,根際葉大形,莖上葉較小,長橢圓形,先端銳,基部狹,鋸齒緣,具柄。花由多數管狀花聚集而成,排列呈總狀,花冠白色,4深裂,總苞先端刺狀。瘦果長0.3公分,具短毛、冠毛,全年開花結果。

特徵　其花由多數管狀花聚集而成,排列呈繖房狀,花冠白色,4深裂,總苞先端刺狀;花柄長10多公分。

食用　幼苗或嫩莖葉可當救荒野菜炒食。

別名　天芥菜、毛蓮菜、地膽頭、地斬頭、雞痾黏、小本丁豎杇、紅燈豎杇、丁豎杇、白花燈豎杇、白燈豎杇。
　　　　(客家名:地斬頭)

多年生草本植物,株高30～60公分,全草密披白色柔毛。

約30公分

用途

性涼、無毒,有消腫解毒、涼血、利尿、去痰、清熱止痛等功效,可治感冒發熱、咽喉痛、結膜炎、扁桃腺炎、百日咳、乙型腦炎、心臟衰弱、急性黃疸、肝炎、肝硬化、腹水、高血壓、糖尿病、急慢性腎炎、腸炎痢疾、盲腸炎。外用搗敷,可治刀傷出血、疔瘡、腫毒、蛇鼠咬傷。小便失禁的人少用。

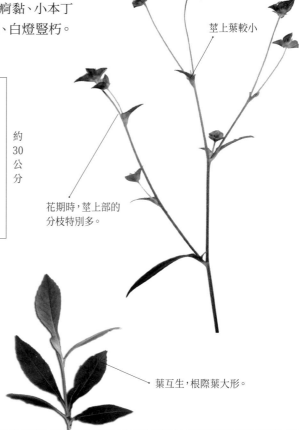

莖上葉較小

花期時,莖上部的分枝特別多。

葉互生,根際葉大形。

棲所:自生於山區、路邊、荒野、林下、操場、墓園　　　　利用部分:全草

菊科	苦蕒菜屬	*Ixeris chinensis* (Thunb.) Nakai

兔兒菜

多年生草本植物，是目前台灣民間使用最普遍的一種藥草，尤其是南部人家幾乎都會種植一些，常常曬乾後磨粉裝入膠囊中（因為很苦）來治肝病。奇怪的是，似乎也只有台灣中南部才能見其蹤影。株高20～30公分，葉互生，膜質，全緣或鋸齒緣，分根生葉和莖生葉。春夏開金黃色花，頂生，為頭狀花序，繖房狀，徑約1.5公分，全部由舌狀花構成。花後結具長嘴的瘦果，冠毛白色，整個冠毛張開的果序，有如一個別緻的六面體，小巧可愛。

特徵　全株具乳汁，和一般萵苣很像；葉子分根生葉和莖生葉兩種，根生葉大而發達，莖生葉較小。整株雖然和刀傷草類似，但細看卻有區別，就花而言，刀傷草的花酷似汽車電風扇的葉片，且葉子羽狀淺裂，有較大的疏鋸齒。

別名　小本蒲公英、小金英、兔仔菜、鵝仔菜、蒲公英、小公英、英仔菜、山苦脈。（客家名：苦脈仔）

花金黃色，頂生，為頭狀花序。

葉全緣或鋸齒緣，分根生葉和莖生葉兩型。

多年生草本植物，株高有20～30公分。

約30公分

全部由舌狀花構成

用途

性寒、無毒，有消炎、消腫、涼血、鎮痛、止瀉、止血、解毒、清熱等功效，可治白喉、感冒喉痛、肺癰、乳癰、瘡癤、瘧疾、調經、肺炎、陰囊濕疹、無名腫毒。鮮草外敷可治骨折、跌打損傷。

棲所：自生於山區、平野、路邊、河畔、荒廢地	利用部分：全草

| 菊科 | 苦蕒菜屬 | *Ixeris laevigatum* (Blume) J.H. Pak & Kawano |

刀傷草

多年生草本植物，花葉在數大便是美的情況下，很有觀賞價值，適合庭栽供觀賞，尤其是花開時，一片花海金黃耀眼。株高約30～60公分，全株有白色乳汁，莖單生或聚生。葉披針形或線狀披針形，多集中生於根際，羽狀淺裂或微小鋸齒，柄甚短，有短鬚毛；莖生葉1～3枚，小有短柄。全年開黃色花，頂生，為頭狀花序，小花再聚合成圓錐花序，小花舌狀，先端5裂，總苞圓筒狀，帶墨綠色，有微毛。花後結瘦果，狹披針形，有十稜翼，具短而細的喙，上有冠毛，灰黃白色。

特徵　花形、花色及葉都與兔兒菜（見89頁）很像，一般人容易搞混；但細觀之下，還是有相當差距，本種花瓣近似汽車馬達的葉片，不似一般花卉的圓鈍形，葉呈黯淡的土綠色，缺乏光澤。

別名　黃花草、道光草、三板刀、馬尾絲、雙板刀、龍舌潢、道光英、一枝香、大本蒲公英。（客家名：刀傷草、雙板刀）

株高約30公分

基生葉革質，橢圓形至倒披針形。

用途
性寒、無毒，全草具消炎解毒、清熱降壓、活血止痛、軟堅散結、理氣健胃等功效。可治癰疔、氣喘、肺癰、胃痛、四肢麻痺、乳癰、感冒、肝炎、吐血、皮膚病、風濕、肺膿瘍。外用者，以五兩煎汁洗患部或絞汁塗抹患部，可治皮膚潰爛。注意：虛寒者不宜多服，單味也不宜久服。患痢疾若屬陰虛者，需調和他藥使用。

| 棲所：山區、平地、田野、路邊、河畔、圳溝邊、校園或荒廢地 | 利用部分：全草 |

喬木及灌木　多年生草本　一年至二年生草本　其他

菊科	甜菊屬	*Stevia rebaudiana* (Bertoni) Bertani

甜菊

　　多年生草本植物，株高約80～100公分，莖直立，分枝多，有毛。葉多密生，為對生葉，倒披針形，長約5公分，寬約2～3公分，基部漸狹，先端鈍形或短尖形，淺鋸齒緣或全緣，主脈清晰。春夏間開白色花，為頭狀花序，總苞筒狀，花冠管狀，均為兩性花。花後結線條形瘦果，稍扁平，熟後褐色。甜菊是極天然的甘味料，甜度為蔗糖的300倍，可用來取代蔗糖及其他化學合成甘味劑，對防止肥胖症、蛀牙有效。不過，也許是飲食習慣，國人並不習慣它的特殊味道，所以只有零星栽培。

特徵　葉倒披針形，不管莖葉，只要一入口，自然能感受到濃濃的香甜味，非一般甘蔗或甜菜所能及，這是最好的辨別方法。

食用　研磨成粉可當代糖使用，熱量低，適合料理點心及飲料，例如煮青草茶時可加入一些（約1斤水用5錢）；可用以中和苦味藥的苦味，不會影響藥效，在生機飲食中加入5～10片葉子，味美且促進食欲，克制反胃。沖泡開水飲用，可促進結締組織功能活化，對脂肪囤積、腰腹贅肉及便祕都很有效。甜菊和馬鞭草（見110～111頁）以1:1比例混合，可促進新陳代謝、中和胃酸、調整血壓及血糖，對糖尿病、血壓不正常及腎臟功能失調者很有幫助。

別名　小糖菊、甜葉菊、冰糖菊、瑞寶澤蘭。（客家名：甜菊）

春夏間開白花，為頭狀花序。

葉對生，倒披針形。

約70公分

莖直立且多分枝，容易倒伏。

用途

性溫、無毒，有降血壓、降血糖、和胃、壯筋骨、促進新陳代謝、避孕等功效，可治糖尿病、肥胖症、小兒食欲不振、高血壓、胃酸過多等。

棲所：藥用植物園、藥用植物研究所、農業改良場及一般住家	利用部分：全草

喬木及灌木　多年生草本　一年至二年生草本　其他

喬木及灌木 | 多年生草本 | 一年至二年生草本 | 其他

| 菊科 | 蒲公英屬 | *Taraxacum formosanum* Kitamura |

台灣蒲公英 特有種

　　本種為台灣蒲公英，多年生草本植物，株高約10～25公分，多乳汁；主根圓柱形或紡錘形，為肉質。葉叢生於根際，多數，近乎平展，倒披針形，銳尖，全緣，長約5～15公分，寬約3～5公分，羽狀深裂，呈翼狀，英文名的原意是「獅子的牙齒」。春季開金黃色花，根生，單一或多出，為頭狀花序，內有多數舌狀小花，花梗長達15公分，被柔毛。花後結小瘦果，被白色冠毛，成熟時呈球形。奇怪的是，在台灣本島僅在中北部一帶較為常見；而在包括外島的其他地方，如蘭嶼、綠島、本島東部，尤其是中南部，較常見到的是本種的近親「兔兒菜」（見89頁），很難見到蒲公英本尊。

特徵　葉叢生於根際，近似非洲菊；但蒲公英花較小，又是單一黃色，葉也較厚軟，花梗更長達15公分。全草多乳汁，輕輕一折便汩汩流出；根垂直，為肉質根。

食用　葉子柔軟，可汆燙後食用或炒食；也可作生菜沙拉材料。

別名　婆婆丁、蒲公草、蒲公丁、黃花地丁。（客家名：大苦脈仔、黃花地丁）

本種為多年生宿生性草本植物，主要分布在大甲溪以北的海濱砂地。

約20公分

葉子為羽狀深裂，英文名的原意是「獅子的牙齒」。

果實瘦扁，具白色冠毛，成熟時呈球形。

種子成綿絮狀，會隨風散播。

用途

性寒、無毒，有清熱解毒、利尿、健胃、消癰散結等功效，可治乳癰、腸癰、膽囊炎、肝炎、胃炎、乳腺炎、腮腺炎、感冒發熱、支氣管發炎。以鮮草搗敷患處，可以治療惡瘡、蛇傷、無名腫毒。

棲所：荒廢地、山坡地、河濱、路邊、田野、圳畔　　　利用部分：全草

| 菊科 | 腫柄菊屬 | 學名 *Tithonia diversifolia* A. Gray Mirasolia diversifolia Hemsl. |

王爺葵

　　多年生草本植物，形似向日葵，是極本土化的植物，在台灣山區極易找到，大都成群落生長，若在山腳下一眼望見遠處的一片金黃色時，就可大膽斷定是木槿。株高可達2～5公尺，莖分多枝，青綠色，莖皮韌性強不易折斷，全株披短柔細毛。葉互生，掌狀心臟形，有3～4個深裂，同龍爪一般，因此又稱「五爪龍」。葉寬大厚實，葉脈黃白色，分布清晰。秋冬期間開黃色大型花，頂生或腋生，頭狀花序，花開時一片金黃色，花徑約8公分，周圍舌狀花約15～20片枚，花梗長約14～15公分。果為倒卵形的堅果。

舌狀花橘黃色

特徵　掌狀心形的葉子和金黃色的大花朵是重要的辨識關鍵。

食用　種子可炒食也可榨油，是難得的野外求生植物。

別名　瓜葉向日葵、姬向日葵、提湯菊、太陽花、假向日葵、小葵、金花菊、五爪金英、腫柄菊、小向日葵。（客家名：五爪龍、肝炎草）

開大型頭狀花序，十分醒目。

葉互生，掌狀心臟形，有長葉柄。

多年生草本植物，株高達2～5公尺，形似向日葵。

約40公分

用途

性寒、無毒，有清肝火、消暑氣、利尿等功效，可治黃疸、肝炎、熱病、膀胱炎、肝癌、肺炎、咽喉炎、氣管炎、頭瘡、青春痘、眼睛紅赤、角膜炎、結膜炎、中耳炎、腸炎痢疾、扁桃腺炎。注意：體虛惡寒、男子精冷或女子經冷者慎用，不可多服。

棲所：自生於山野谷地向陽處，也有種植者。　　利用部分：全草

| 菊科 | 長梗菊屬 | *Tridax procumbens* L. |

長梗菊

　　多年生草本植物,株高約20～50公分,莖平臥性;全株被有短剛毛,深綠色。葉對生,兩面均被白毛,正面有皺紋,葉主脈清晰,有短柄約1公分,葉緣有不規則鋸齒。春、夏間開黃白色頭狀花,由五片舌狀花組成,中心部分為管狀花。果為瘦果,圓筒形,具有灰白色冠毛。通常生長在海邊向陽荒廢地、河堤、沙地,相當普遍,只要看到花梗高高的黃、白色小花,通常就是長梗菊。

特徵　最特殊的地方是花、果都頂在長長的花柄及果柄上,花柄斜伸,有時可長達20～50公分。

食用　本省中南部一帶的客家人使用最多的青草茶原料,一般都用剛拔取的青草來熬汁,熬沸時再放黃(黑)糖,再續煮1分鐘,涼後當茶飲。

別名　燈籠草、假菊花、肺炎草。(客家名:假菊花、假仙人草)

約20公分

花由五片舌狀花組成,中心為黃色,周圍黃白色。

春、夏間開黃白色頭狀花,花梗長。

多年生草本植物,莖平臥性,全株被有短剛毛。

用途

性平,藥用具有消炎、降火潤肺的作用,對肝火、虛火有良好的助益。可治肝炎、高血壓、小便不利、肝病、中暑等症。

棲所:日照充足的山坡、荒野、圳溝邊、河畔　　利用部分:全草

菊科	蟛蜞菊屬	*Wedelia chinensis* (Osb.) Merr.

蟛蜞菊

　　北部低海拔草生環境可見，多年生匍匐草本植物，莖頂斜生，基部節處有不定根，全株被毛，葉無柄或具短柄，對生，紙質，線狀長橢圓形至披針形，長2-10公分，寬0.6-2公分，頂端尖，基部狹，邊緣具疏鋸齒，兩面疏生緊貼的粗糙毛。頭狀花序直徑2-2.5公分，單生，明顯具柄，總苞片近等長；花金黃色，春至秋開花，外圍舌狀花一層，舌片頂端3裂，管狀花多數，花冠筒頂端5裂。花後結瘦果，倒卵形，頂端冠毛不發達，呈杯狀。同屬的外來種植物南美蟛蜞菊在低海拔地區非常常見，兩者外型乍看頗為相似。

頭花直徑約2公分

特徵　具對生葉的匍匐狀草本，是北部海濱很容易見到的小黃菊，與南美蟛蜞菊相似，但本種葉片顏色較淡，葉形較窄。

別名　雙花蟛蜞菊，蟛菊草、尖刀草、黃花蟛蜞菊、黃花冬菊、黃花龍舌草。（客家名：蟛蜞花）

約30公分

葉紙質，線形至披針形；分佈於台灣低海拔之溼地及田畦，亦見於海濱附近。

用途

性涼微寒、無毒，有散瘀、除濕、消腫、止痛等功效，可治百日咳、風濕性腰痛、白喉、肺炎、扁桃腺炎、咽喉炎、肝炎、感冒發燒、咳嗽咳血、淋巴結核、高血壓、尿血便血、尿道炎。外用：鮮草搗敷可治蛇蟲咬傷、皮膚炎、跌打損傷。

棲所：北部低海拔草生環境，海濱地區尤為常見。	利用部分：全草

| 桔梗科 | 桔梗屬 | *Platycodon grandiflorum* (Jacq.) A. DC. |

桔梗

　　多年生草本植物，株高約30～60公分，最高可達1公尺。全株含乳汁，主根粗大，呈胡蘿蔔或人參狀，皮黃褐色。莖上部葉互生，下部葉對生，也有三葉輪生的，鋸齒緣，橢圓形或披針形，無柄。三月至十月間開藍紫色或白色花，先端5裂，為星形合瓣花，披針形，花萼5枚，花柱5裂，子房下位。花後結倒卵圓形蒴果，頂端5裂瓣，成熟開裂，彈出細小的種子。花大，單生枝頂花色豔麗，是極佳的庭栽或盆栽花卉，大面積栽培，放眼無際的花海，甚是美麗。要注意的是：桔梗具小毒，不可多服、久服，否則會有溶血現象，引起噁心嘔吐，可不好受。

特徵　全株光滑無毛，肉質根呈胡蘿蔔或人參狀。星狀般的花朵極為醒目，容易讓人與「海星」聯想在一起。

別名　津梗、六角花、鈴鐺花、包袱花、苦桔梗、白藥、白桔梗、梗草、薺苨。（客家名：桔梗）

葉片卵形至披針形

花藍紫色，為星形合瓣花。

多年生草本植物，全株含乳汁，肉質根人參狀。

約
75
公
分

花單生枝頂

下部葉對生或輪生，上部葉常互生。

用途

性微溫，有小毒，有鎮咳祛痰及催吐作用，有利五臟腸胃、補血氣、除寒熱風痺、療喉咽痛、下蠱毒。可治傷寒腹脹、肺癰咳嗽、扁桃腺炎、支氣管炎、咯吐黃痰、痰嗽喘急、口舌生瘡、骨槽風痛、牙齦腫痛、眼睛痛、妊娠中惡。

棲所：全台各地都有種植　　　　　　　　　　利用部分：全草

骨碎補科	骨碎補屬	*Davauia griffithiana* Hook.

杯狀蓋骨碎補

　　多年生草本植物，株高約30～60公分，根莖肥厚多肉，可蔓延達數公尺，外被有鋸齒的鱗片葉，鱗片邊緣有緣毛且色較淺。葉片平滑無毛，基部似關節著生莖上，長約15～30公分，寬約10～25公分，有長柄，二回羽狀分裂，葉軸及羽軸尚可見到一些狹長鱗片。孢子囊群長在近葉緣處，生於小脈頂端，囊群蓋長杯形，以其基部及兩側著生葉上。顧名思義，可以知道其藥用功效，確實是傷科治療上的要藥。此外，用於假山造景，效果也極佳。

特徵　根莖肥厚多肉，外被鋸齒狀的鱗片葉，是與他種植物最大的差別。在林蔭深處，常在岩壁或喬木身上蔓爬，一眼就可辨認出來。

食用　野外求生植物，燉排骨食用美味可口，且對骨骼疏鬆和接骨患者有莫大助益，嫩葉也可供煮食。

別名　猴薑、胡猻薑、爬岩薑、石毛薑、石菴蘭、申薑、龍眼薑、石岩薑、毛姜。（客家名：猴薑、骨碎補）

葉片平滑無毛

約
75
公
分

多年生草本植物，台灣原生於中海拔以下
山區的岩壁、石壁或樹幹上。

用途

性溫、無毒，為傳統常用的治療骨科疾病的藥材，具有補腎活血、壯筋續骨、止血、蝕爛肉、殺蟲等功效，可治虛氣攻牙、齒痛出血或痛癢、耳鳴耳閉、病後掉髮、腸風失血、風濕痛、筋骨傷損、瀉痢、痢後下虛、痢風。

棲所：全台山區的石壁、山岩，或攀附在陰濕的林樹身上 ｜ 利用部分：全草

蓼科	春蓼屬

火炭母草

　　多年生匍匐草本植物，株高50～80公分，莖紅棕色，斜向生長，可蔓延達數公尺，全株無毛，分枝有稜。葉表面具斑紋，廣卵形或卵狀三角形，葉柄兩側有狹窄的翼，托葉鞘膜質。春至秋季開白色或粉紅色花，頂生，花穗數個，球形，10～12朵密生，花被5裂，雄蕊8枚，花柱3裂。花後結卵球形瘦果，包藏在肉質花被中，成熟後黑色，與白色的花朵呈明顯對比，相映成趣。

特徵　往往成一大群落分布，全株呈蔓性且無毛，嫩枝紅棕色，分枝有稜有溝。葉表面具斑紋，葉柄兩側有狹翼；卵球形瘦果，成熟後呈黑色。

食用　野外求生食物，嫩莖菜及果實可食，全草可用來熬湯，美味可口且驅寒補身。因為隨處可得，是相當理想的野外求生食物。台灣民間常用來和紅面公番鴨一起燉煮，當成小孩子的轉骨聖品。

別名　秤飯藤、清飯藤、冷飯藤、烏炭子、川七、紅骨冷飯藤。（客家名：火炭母草、冷飯藤）

花球形，10～12朵密生。

約50公分

多年生草本植物，往往成一大群落，全株呈蔓性。

用途
性平、無毒，具有清熱解毒、消瘀利濕、退翳明目、通經、涼血止癢等功效，可治頭面腫脹、腰骨閃傷、中暑、癰疽、腎臟炎、轉骨、小兒發育不良、感冒、扁桃腺炎、咽喉炎、白喉、腸炎、痢疾、黴菌性陰道炎、肝炎、乳腺炎。單味水煎服；鮮草搗敷患處可治疔瘡、腫毒。

棲所：較潮濕的向陽山坡地、林蔭處、河邊、田野、路邊

喬木及灌木　多年生草本　一年至二年生草本　其他

Persicaria chinensis (L.) H. Gross

葉表面有斑紋，廣卵形或
卵狀三角形。

開白色或粉紅色花

葉柄兩側有狹翼

莖紅棕色

花後結卵球形瘦果，
成熟後黑色。

喬木及灌木　多年生草本　一年至二年生草本　其他

利用部分：全草

| 裏白科 | 芒萁屬 | *Dicranopteris linearis* (Burm. f.) Underw. |

芒萁

　　多年生草本植物，高度不一，視所攀緣的物體而定，約在2～3公尺之間。葉柄、葉軸不易折斷，具韌性，常用來編製花籃等手工藝品，不但美觀且原料取得容易，值得開發。軍隊行軍時，阿兵哥常用做偽裝素材，與海金沙（見右頁）有異曲同工之妙。根莖發達，長匍匐狀，密生金褐色茸毛。葉無毛，在葉軸、羽軸及小羽片的中軸上均被有分叉或星狀的多細胞毛，且每一對二分叉的枝條長度大致相同，二分叉點的休眠芽為毛及苞片保護，末回分叉的枝條葉狀，為一回羽狀深裂，常具有一對下撇的不發達副枝，葉脈常三條一組；葉脈上的孢子囊群無囊蓋。

特徵　葉軸、羽軸及小羽片的中軸上均被有分叉或星狀的多細胞毛；葉長達數公尺，各有長橢圓狀披針形，羽狀深裂的葉片一對。

別名　芒萁骨、三叉齒朵、小裏白、鐵萁骨、蔓萁骨、蜈蚣草。（客家名：鐵萁骨）

葉軸、羽軸及小羽片的中軸上均有分叉或星狀的多細胞毛

葉柄長20～100公分，徑2～3公釐。

下撇的輔助羽片

約45公分

多年生草本植物，長匍匐狀，經常成一大群落分布。

用途

性溫、無毒，具清熱化瘀、利尿止血功效，可治感冒、肺熱咳、流鼻血、婦人血崩、白帶、經血過多、尿道炎、膀胱炎、小便不利、水腫。莖、葉搗敷，可治燒燙傷。藥用上，體虛者少用。

| 棲所：山坡、郊野、荒廢地 | 利用部分：全草 |

海金沙科	海金沙屬	*Lygodium japonicum (Thunb.) Sw.*

海金沙

　　多年生攀緣常綠草本蕨類，可用作園藝觀賞或插花。株高約3～6公尺。葉對生，休眠芽由灰褐色的毛所保護，分枝長約3～8公分，不長孢子囊的小羽片呈3～5裂，中央裂片甚長，長孢子囊的小羽片較小深裂，各裂片又細又小，孢子囊就長在裂片的邊緣上，具有孢膜，先端則被以帽狀完全環帶。夏秋之際成熟的孢子囊會縱裂而呈孢子葉，極易辨認。昔日野外行軍時，常用來纏裹背包、鋼盔，並縛住其他野草，可謂最佳的行軍偽裝，不但不怕遮蔽視線，且其韌性不亞於繩子。

特徵　根莖硬質，被有堅硬的多細胞毛；葉軸攀緣性，能無限生長，並產生分枝，夏秋之際成熟的孢子囊會縱裂，放出三角形錐狀的赤褐色孢子。

食用　嫩莖葉可供食用、有清熱解毒、消腫等功效。煮成青草茶，會有一股迷人的香味。

別名　珍冬毛、玎瑠毛仔、大轉藤灰、竹園荽、吐絲草、羅網藤、鼎炊藤、鳳尾草、珍中筆、蛤蟆藤。（客家名：羅網藤）

葉軸光滑，具攀緣性，營養葉的中間裂片甚長。

多年生蕨類植物，根莖匍匐狀，被有堅硬短毛。

株長約45公分

用途

性寒、無毒，有通利小腸、尿液、解熱毒等功效，可治腎炎、肝炎、腮腺炎、支氣管炎、尿道炎、流行性乙型腦炎、濕熱腫毒、五淋、陰莖痛、毒瘡、腹脹、脾濕脹滿、牙痛、腎結石、膀胱結石、閃腰、盜汗、小便不通。

棲所：自生於山區、田野、河堤、荒廢地、籬笆邊	利用部分：全草

喬木及灌木　多年生草本　一年至二年生草本　其他

| 唇形科 | 筋骨草屬 | *Ajuga taiwanensis* Nakai *ex* Murata |

台灣筋骨草

　　多年生草本植物,株高約10～30公分,生長力旺盛,只要逮住機會,都能隨遇而安。莖分枝,有四稜,平臥或稍直立,被長柔毛,嫩枝毛尤密。葉對生,近倒卵形,邊緣有粗齒或缺刻,兩面均被疏柔毛,主脈清晰,側脈三、四對有側脈向兩側分出。春夏間開紫色或白色花,2到數朵排成輪生,為穗狀花序,雄蕊4枚,花冠2唇形。花後結球形果,長約0.1公分。本種別名筋骨草,石松科中也有筋骨草(*Lycopodium cernuum* L.),兩種植物完全不一樣:台灣筋骨草就像一般的草本植物,而後者為石松類植物,較像蕨類。

特徵　葉對生,近倒卵形,邊緣有粗齒或缺刻,兩面均被疏柔毛,葉背及葉緣常帶紫色是其特徵。

別名　紫背金盤、筋骨草、青魚膽、散血草、有苞筋骨草、金瘡小草、白毛夏枯草、雪裏青、矮金瘡。(客家名:散血草、青魚膽)

葉對生,近倒卵形。

春夏間開紫色或白色花,
為穗狀花序。

葉片邊緣有粗齒或缺刻

約35公分

多年生草本植物,全株被長柔毛。

用途

性熱、無毒,有清涼解毒、止血生肌、化痰消腫、消胎氣等功效,可治婦人血氣痛、肺癰、慢性氣管炎、咽喉炎、腸胃炎。鮮美酌量搗敷可治鼻衄、外傷出血、燙火傷、瘡毒、毒蛇咬傷。注意:孕婦忌服;一般人使用時也要注意,忌雞魚羊血濕麵。

| 棲所:全台藥用植物園都可找到 | 利用部分:全草 |

| 唇形科 | 野薄荷屬 | *Origanum vulgare* L.var. *formosanum* Hay. |

台灣野薄荷 特有種

　　多年生宿根性草本植物，莖方形且帶紫色，全株被茸毛。葉對生，全緣，卵形，先端銳尖，基部與柄交接處成半圓形狀，長1～2.5公分，寬0.5～1公分；主脈顯著，深綠色。春夏開粉紅色花，頂生，為圓錐花序繖房狀，花冠筒狀唇形，雄蕊4枚，花萼卵狀鐘形，被細毛及腺點。花後結細堅果，卵形。

特徵　多分枝，莖方形且帶紫色，全株被茸毛；葉無柄，叢生於枝端；開粉紅色花，為圓錐花序繖房狀，被細毛及腺點；結細堅果，卵形，是其最大的特徵。

食用　可當薄荷的替代品使用。嫩莖葉洗淨後，先以沸水燙過，再行煮食或炒食。莖葉洗淨，放入口中嚼食，可提神醒腦。全株拔起後曬乾，煮開水當涼茶飲用。

別名　野薄荷、高山薄荷、台灣牛至、台灣五香草。（客家名：野〈一ㄚˊ〉薄〈ㄅㄛˋ〉荷）

用途
味微辛、性溫、無毒，有消暑、清涼、利濕、解熱、袪風、止咳等功效，可治傷風感冒、中暑解熱、風邪，咳嗽不止等症。外用則採水煎沐浴，可治皮膚濕熱搔癢。乾枝拿來燒，還能驅除蚊蟲。

約35公分

多年生草本植物，全株被長柔毛。

| 棲所：自生於中海拔山區、谷地、山坡等向陽地 | 利用部分：全草 |

唇形科	薄荷屬

薄荷

　　多年生草本植物，全草香氣濃烈，具觀賞及食用價值。株高由匍地迄60公分高，匍匐方圓也長達60公分左右，莖方形，具淺溝，有直立者，也有鋪地者。葉對生，鋸齒緣、鈍齒緣或全緣，有短柄，為狹卵形或長圓狀卵形，兩面有疏毛及腺點。夏秋間開白色或淡紫色花，腋生，為輪繖花序，花十數朵著生成球形，具梗或無梗，花冠長約0.5公分，唇形4裂，雄蕊4枚，具萼，齒緣有毛。花後結橢圓形堅果。

特徵　全草具濃烈的辛辣香氣，莖方形，具淺溝。外形與塔花（*Clinopodium gracile* (Benth.) Ktze.）和仙草（*Mesona chinensis* Benth.，見166頁）很像，但只要摘片葉子細嚼，獨特的濃烈辛辣芳香，立刻就能分辨出來。

食用　泡茶或作菜蔬，也是煮青草茶的原料。嫩莖葉與韭菜可作薑食，是難得的天然保健美食。

別名　菝菏、番荷菜、吳菝菏、南薄荷、金錢薄荷、芰萜、野薄荷、新卜荷、鳳梨薄荷、胡椒薄荷、普列薄荷、仁丹草、升陽藥、夜息花。（客家名：薄荷）

約60公分

多年生草本植物，全草具濃烈香氣。

棲所：藥用植物園、藥用植物研究所、農業改良場、休閒農場及一般住家

Mentha arvensis var. *piperascens* Malinv. *ex* Holmes.

葉對生，兩面有疏毛及腺點。

開白色或淡紫色花，輪繖花序。

莖方形，具淺溝。

葉片有獨特的辛辣芳香氣味

▲開花狀態

用途

性溫、味辛、無毒，有祛風止咳、發汗解熱、下氣、通利關節、辟邪毒、發毒汗、去憤氣、破血止痢、療陰陽毒、去心臟風熱等功效，可治風熱感冒、頭痛鼻塞、血痢不止、蜂蠆螫傷、火毒生瘡等症。薄荷煎湯浸洗，可治皮膚搔癢。

利用部分：全草

唇形科	小鞘蕊花屬	

彩葉草

　　多年生草本或亞灌木植物，葉色五彩繽紛，變化繁多，是花壇極受歡迎的觀賞植物；日照越是充足，葉色越美，庭栽盆栽兩相宜。株高約50～90公分，直立，多分枝，莖四方形。葉對生，紙質或膜質，有鋸齒緣，葉卵形或圓形，葉色以紅色為主，雜有黃、綠、黑、紫等顏色，先端銳尖，基部與柄交接處成半圓形，主脈清晰且隨顏色而變化，側脈約5～6對，但不甚明顯。春夏開藍色或白色花，聚繖狀總狀花序，頂生，花瓣唇形，雄蕊4枚。花後結實，內含4枚小堅果。

特徵　品種繁多，高矮莖、大小葉、顏色與葉形都有不同，可能不下數十種，卻是我見過的植物中最容易分辨的，只要符合以下幾個特徵準沒錯：葉色繽紛，莖四方形，花為聚繖狀總狀花序，放入口中咀嚼苦甘盡出。

別名　彩葉莧、老少年、鞘蕊花、錦紫蘇、變葉草、金蘭紫蘇、五色草、洋紫蘇。（客家名：彩色莧菜、變葉草）

約
60
公
分

多年生草本或亞灌木植物，葉色五彩繽紛，日照越充足，葉色越美。

棲所：山區、田野、路邊、山谷、校園、公園、遊樂區及一般住家

Coleus blumei Benth.

葉片雜有不同顏色的斑紋

葉對生，卵形或圓形。

葉緣呈鋸齒狀

莖及分枝四方形

葉片色彩繁多，以紅色為主。

用途

味苦澀、性涼、無毒，有清熱、解毒、消腫、消積化痰、止咳等功效，可治一般癌症、肝炎、咳嗽、眼睛發炎、角膜炎、消化不良。每周生食2～3片有防癌功效。

利用部分：全草

| 唇形科 | 夏枯草屬 | *Prunella vulgaris* L. |

夏枯草

　　多年生草本植物，到了夏末會全株枯萎，因此得名。很容易生長，春天就會從泥土中鑽出來，是花園四季花卉不可或缺的一員。株高約13～40公分，呈匍匐狀，全株被白色細毛，莖方形，多分枝。葉似旋覆，對生，全緣或鋸齒緣，無柄，披針形或長卵形，先端銳尖，基部稍圓鈍，主脈黃白顯著，背白多紋。三、四月（春天）開白色或藍紫色花，為穗狀花序，腋生或頂生，花唇形。花後結球形瘦果，每一花有4顆種子。

特徵　莖方形，藍紫色花朵由下往上層層綻放，整個花穗似塔狀，夏天時花朵凋謝，只留乾枯的花穗。

別名　夕句、乃冬、燕面、鐵色草、六月乾、枯草穗、棒槌草、大頭花。（客家名：夏枯草）

三、四月開白色或藍紫色花，
白色花較少見。

葉對生，披針形或長卵形。

多年生草本植物，匍匐狀，到了夏末會全株枯萎。

約
40
公
分

用途

味苦辛、性寒、無毒，有清肝、明目、清熱、散結、消暑、降血壓等功效，可治甲狀腺亢進、眼睛紅腫熱痛、高血壓、頭暈目眩、筋骨疼痛、眼歪口斜、肺結核、血崩等。要注意的是，胃虛者慎服。

棲所：自生於平野、海濱沙丘、路邊、學校操場、荒廢地　　利用部分：全草

薔薇科	龍牙草屬	*Agrimonia pilosa* Ledeb.

龍芽草

　　多年生草本植物，全身被有柔毛茸，株高約30～150公分，分枝多集中於上部。葉互生，無柄，為奇數羽狀複葉，長橢圓形或倒卵形，有鋸齒緣，葉背葉面均密生粗毛，有不整齊鋸齒緣。夏秋間開黃色小花，為總狀花序，萼筒外有槽並有毛，花萼5尖裂，基部生鉤毛，花瓣5片，雄蕊5～12枚。花後結瘦果，有宿存萼外包，萼筒上的鉤毛可附著人畜來散播種子。

特徵　葉互生，小葉大小不一，5～7片，背面有多數腺點，葉柄與葉軸有疏毛，托葉大形，近似卵形；瘦果有宿存萼外包，萼筒上有鉤毛。

食用　除供藥用外，嫩葉與種子還可供食用，是不可或缺的野外求生食物之一。但因嫩葉有苦味，要先用開水燙過且瀝乾水分後，再行炒食，味道較佳。成熟果實去皮取子，再將種子搗碎磨成粉，可供製麵和其他食品。

別名　龍牙草、仙鶴草、仙鶴蓮、牛尾草、牛尾花、黃龍牙、馬尾絲、脫力草、黃龍尾、子母草。
（客家名：仙鶴草）

葉互生，無柄，奇數羽狀複葉。

莖、葉柄、葉軸均覆有柔毛。

約45公分

多年生草本植物，夏秋間開黃色小花，萼筒上有鉤毛，可附著人畜傳播種子。

用途

性溫、無毒，有消炎止血、收斂止痢、去瘀強心等功效，可治咯血、牙床出血、尿血便血、內出血、經期前後血崩、痔瘡出血、條蟲。以鮮草搗敷，可治跌打損傷、疔腫、陰道滴蟲。要注意的是單味勿長期使用；胃虛寒者宜小心使用。

棲所：向陽山坡、荒野、圳溝邊、河畔	利用部分：全草

喬木及灌木　多年生草本　一年至二年生草本　其他

馬鞭草科	馬鞭草屬

馬鞭草

　　多年生草本植物，株高約60～90公分，莖四方形。葉似益母草（見164～165頁），卵形，對生，基生葉有粗鋸齒，莖生葉多數，3深裂，羽狀，兩面有粗毛。春末至秋開淡紫色小花，為穗狀花序，長約30公分，形如馬鞭，因此得名；花序頂生或腋生，每朵花具1苞片，萼齒5裂，5花瓣，有雄蕊2枚，假雄蕊2枚，花期約一個月。花後結蒴果，為萼所包，成熟時裂為4個小堅片。

特徵　花形如馬鞭，長約30公分，這是最特殊且明顯的標幟，只要看見似馬鞭的穗狀花，就不會認錯。

別名　馬鞭梢、白馬鞭、瘧馬鞭、鐵馬鞭、龍牙草、鳳頸草、鐵釣竿、茶米草、鶴膝風、紫頂龍芽。（客家名：馬鞭草）

春末至秋開淡紫色小花，有檸檬的芳香氣味。

用途

性溫、無毒，是清熱解毒、截瘧殺蟲、活血散瘀、利尿消腫的良藥，可治瘧疾、血吸蟲病、絲蟲病、感冒發燒、急性胃腸炎、細菌性痢疾、肝炎、肝硬化腹水、腎炎水腫、尿路感染、陰囊腫痛、月經失調、血瘀經閉、牙周炎、白喉、咽喉腫痛、急性或慢性骨盆腔炎。外用可治跌打損傷、疔瘡腫毒。注意：馬鞭草忌鐵器，所以煎藥時，勿使用鐵器；孕婦也要慎用。

棲所：山區、平地、田野、路邊、河畔、圳溝邊、校園或荒廢地

Verbena officinalis L.

約
90
公
分

葉緣粗鋸齒或深裂

利用部分：全草

| 爵床科 | 蘆利草屬 | *Ruellia tuberosa* Linn. |

消渴草

　　多年生草本植物，葉（在陽光下亮青綠色）及花（豔紫色）均有觀賞價值，是很好的庭栽或盆栽花卉，台灣引進零星供藥用或觀賞栽培。株高約20～50公分，莖四稜方形，略有茸毛；主根粗而直，與莖等長，狀如牛蒡。葉對生，由節膨大處生出，長卵形，葉背脈凸出，與柄節同為紅色。三、四月間開藍紫色花，腋出，由5、6節處分二相對抽出，再分出三叉，長成似喇叭狀的紫色花，無花苞，但每朵均有4條與花果等長的萼片。花後結蒴果，果實中有20多粒種子，扁而色黑。在印尼峇里島，是隨處可見的野草，和香蘭草一樣，簡直賤到沒人要的地步，可真應驗了「知道就是寶，不知道就是草」的說法了。

特徵　莖四稜方形，紫褐色，主根粗而直，狀如牛蒡。花冠粉紫色，喉部濃紫色。

別名　塊莖蘆利草、南洋蘆莉草、三消草、糖尿草、琉璃草、觀音莧、解渴草、紫莉花。
　　　　（客家名：糖尿草）

喉部濃紫色

三、四月間開藍紫色花

葉由節膨大處生出，對生。

約30公分

多年生草本植物，莖四稜方形。

葉長卵形，葉背脈凸出。

用途

性寒、味甘辛、無毒，有降血糖、消熱利濕、生津止渴、利尿、解毒、消腫生肌等功效，可治糖尿病（消渴症）、高血壓、四肢無力、肝炎，皮膚癢、尿毒症、痛風、尿酸過高、小孩轉骨、坐骨神經痛、感冒發熱、無名腫瘤、胃潰瘍、十二指腸潰瘍。鮮草搗敷，可治跌打損傷、潰瘡，刀傷。

棲所：馴化於全台低海拔區域　　　　利用部分：根部或全草

景天科	風車草屬	*Graptopetalum paraguayense* (N.E.Br) E.Walther

玉蓮

　　多年生草本植物，外觀像盛開的綠色蓮花，顏色如玉，因此得名，也稱石蓮花。理想的盆栽花卉，在盆中根莖處附近種上石胡荽、馬蹄金、冷水麻（見160～161頁）更是相得益彰。株高約12～30公分（光線充足植株會較矮小），莖直立或伏臥，葉輪生，綠白色，狀如風車，厚而肉質，為倒卵狀匙形，長3～8公分，寬1.2～2.5公分，先端銳尖。春天開花，花莖高約10公分，共著生3～14朵花，花徑約1.5公分。很少結果。

特徵　葉肉質而厚，像盛開的蓮花，純綠色或夾帶淡紅色。

食用　滋味酸甘，可加蜂蜜打成汁當飲品；搭配蘋果、芭樂、水梨、火龍果、橘子、胡蘿蔔、哈密瓜、小黃瓜、芝麻粉、酵母粉、鳳梨、蓮子等製作生機飲食；或搭配鬼針草（見148～149頁）、甜珠仔草（見158頁）、長梗菊（見94頁）、紫背草（見152～153頁）合煮青草茶。

別名　風車草、石膽草、石蓮、石蓮花、觀音座蓮、觀音蓮、觀音草、神明草、蓮座草。（客家名：石蓮花、玉蓮）

葉輪生，狀如風車。

約30公分

葉片厚實，綠白色。

外觀像盛開的綠色蓮花，因此得名。

用途
性涼、無毒，有清熱、涼血、退火、降壓等功效，可治中暑、小便赤黃、熱血妄行、高血壓。

棲所：藥用植物園、藥用植物研究所、農業改良場及一般住家　　利用部分：葉

茜草科	耳草屬	*Hedyotis uncinella* Hooker & Arnott

長節耳草

開白色小花，輪狀花序。

葉對生，長披針形或橢圓形。

　　多年生草本植物，外形容易和同屬的繳花龍吐珠（見172頁）、水線草、纖花耳草搞混，但本種的葉子較寬闊，花也有差異。株高約20～30公分，小枝密生短粗毛。葉全緣，對生，為長披針形或橢圓形，葉面無毛，葉背常有粉末狀短毛，主脈黃綠色清晰，側脈由主脈向兩側分出，各有4～6條，柄短，托葉膜質，合生成一短鞘，頂部5～7裂，裂片線形或呈剛毛狀。四至六月間開白色小花，腋生，具短梗或無梗，花4數，為輪狀花序。花後結球形小蒴果，不開裂。

特徵　顧名思義，對生的葉子就如同人耳一般，兩兩相對稱。葉兩面粗糙，有苦味。

別名　鯽魚膽草、細葉龍膽草、散血草、黑心草。（客家名：耳公草、黑心草）

多年生草本植物，小枝密生短粗毛。

約25公分

用途

性溫、無毒、味苦，有清熱解毒、消腫涼血等功效，可治乳腺炎、腸炎、痢疾、蜈蚣咬傷、感冒、咳嗽、咽喉腫痛、急性結膜炎。外用以鮮草搗敷，可治皮膚濕疹、瘡癤癰腫。

棲所：各地山區、林下、荒野、圳溝邊等較陰濕之處　　利用部分：全草

刺葉樹科	蘆薈屬	*Aloe vera* (L.) Webb.

蘆薈

　　多年生肉質草本植物，近年來已成為上選菜蔬，高級飯店也推出「蘆薈」佳餚，頗受消費者歡迎；蘆薈也是美容聖品，為化妝界和健康食品界廣為採用。蘆薈種類約有300多種，可供藥用及食用的種類僅有幾種，其中尤以翠葉蘆薈（*Aloe barbadensis*）價值最高。莖短，葉叢生呈蓮座狀，肉質，肥厚多汁，深綠色，基部寬闊，循葉端漸次細長，葉緣疏生刺狀小齒，無葉脈，葉面、葉背布滿白色斑點，長15～40公分，厚約1.5公分。花頂生成穗狀，花穗長約20公分，穗上長滿如炮仗花似的橙紅色小花，另有白花及黃花品種。花後結蒴果，不同品種的形狀差異甚大，種子多數。

特徵　葉及橘紅色的花是最明顯的辨識重點，肥厚的肉質葉由根而生，葉面及葉背布滿白色斑點。花成穗狀，花穗很長，橙紅色小花疏離排列。

食用　去皮後可生吃、熟食或榨汁，加瘦肉熬煮，有健胃整腸及退火功效，但體質虛寒、經常拉肚子的人最好少吃。

別名　奴薈、訥薈、象膽、勞偉、油蔥、羅帷草、象鼻蓮。（客家名：油蔥、蘆草）

邊緣疏生刺狀小齒

葉肉質肥厚，劍狀，無葉脈，富含黏液。

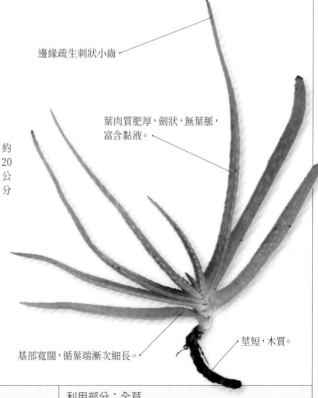

約20公分

多年生肉質草本植物，葉叢生呈蓮座狀。

用途

性寒、無毒，有明目鎮心、殺蟲、清肝熱、通便、消脂及解巴豆毒等功效，可治香港腳、青春痘、疣、除鼻癢、燙傷、裂傷、胃腸病、慢性便祕、痔瘡腫痛、感冒、氣喘、癌、肝炎。注意：孕婦和月經來潮的婦女忌服。

基部寬闊，循葉端漸次細長。

莖短，木質。

棲所：種植於藥用植物園、藥研所、一般住家	利用部分：全草

喬木及灌木　多年生草本　一年至二年生草本　其他

刺葉樹科	萱草屬

萱草

　　多年生宿根草本植物，兼具食用、藥用及觀賞價值，橙黃色的花海已成為東台灣的熱賣景點。株高30～60公分，根莖甚短，具粗壯的肉質根，幾乎無莖。葉線形，自根際叢生，基部抱莖，葉主脈清晰。每年五至十一月間開金黃色或粉紅色花，花梗自葉叢間抽出，圓柱狀，上有6～12朵大花，花上部為鐘形，下部合生成筒狀，外輪3裂片，內輪也是3裂片，有雄蕊6枚，花絲細長。花後結長圓形蒴果，在天然條件下，結果較少，必須人工授粉，結果率才能提高。原生種花色只有橙黃及黃色，但目前已培植出很多其他花色。中國人有萱草忘憂之說，也以萱花象徵母親。

特徵　根莖短，肉質根肥大；葉線形，自根際叢生；花莖自葉叢抽出，頂部分叉，每枝著花數朵，每花僅開一日。

食用　金針菜需在花朵綻開前一日摘採未展開的花蕾，可供鮮食或加工成乾製品。

別名　金針、黃花、鹿劍、忘憂、宜男、丹棘、療愁、鹿蔥、妓女、諼、金針菜。（客家名：金針）

每年五月至十一月間開橙黃色花

單一花梗上有數朵花著生

約45公分

花開一日即枯萎，在歐美有「一日美人」別稱。

多年生草本植物，根莖甚短，幾乎無莖。

棲所：全台藥用植物園、藥研所、農業改良場及一般住家，已有大規模的經濟栽培

Hemerocallis fulva (L.) L.

葉線形，主脈清晰。

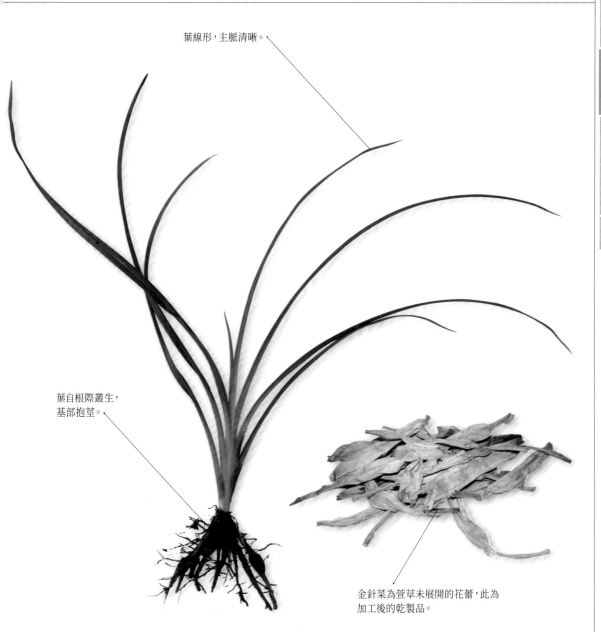

葉自根際叢生，
基部抱莖。

金針菜為萱草未展開的花蕾，此為
加工後的乾製品。

用途

性涼、無毒，有涼血止血、清熱解毒，利尿降壓、消炎、消腫、鎮靜抗憂慮、抗血吸蟲等功效，可治小便不通、大便後血、中耳炎、腮腺炎，對結核病有抑菌作用。

利用部分：全草

百合科	百合屬

台灣百合 特有種

　　多年生草本植物，台灣特有種，是校園、庭園栽培及盆栽的理想花卉，用途極廣，在插花和花束中也常大量應用。株高約30～90公分，根部為球形鱗莖，乳白色或稍帶青色，直徑3～4公分；莖直立，細長光滑，不分枝，常有褐紫色斑點。葉互生或輪生，披針形或橢圓狀披針形，全緣。夏季開白色花，散發清香，花數朵簇生或單生於莖頂，長15～20公分，花被漏斗狀，白色，背面帶褐色，裂片6，向外展開或稍向外捲，長13～17公分，寬約2.5～3.5公分，每片基部有一蜜線槽，蜜線槽和花絲具短柔毛，雄蕊6枚，花藥丁字著生，花絲纖弱。花後結長圓形蒴果，有許多種子。

特徵　有極其特殊的地下塊莖，乍看像蒜頭，剝開來一片一片的。花雪白色，喇叭狀，花形大，具香味。

食用　瓣狀的肉質地下鱗莖具清香，可供作食材，例如煮百合雞，也是本種植物的藥用部位。在台灣因為野生很多，也是理想的野外求生食物。微毒，不宜多食。

別名　百合、百公花、白花百合、強瞿、蒜腦薯、山蒜頭、山百合、師公鈃、高砂百合。（客家名：百合）

約80公分

多年生草本植物，莖細長光滑，基部常帶紫紅色。

棲所：自生於山區，現多以人工栽培為主

Lilium formosanum Wallace

春至夏季開花，花雪白色，喇叭形。

花葯丁字著生

球形鱗莖呈覆瓦狀排列

瓣狀的地下鱗莖，乍看像蒜頭。

用途
性平、無毒，有潤肺止咳、寧心安神、清熱補虛等功效，可治喉頭炎、肺炎、肺熱吐血、肺結核、咳嗽、心神不安、神經衰弱、耳聾耳痛等。

利用部分：地下莖

喬木及灌木 | 多年生草本 | 一年至二年生草本 | 其他

| 莎草科 | 荸薺屬 | *Eleocharis dulcis* (Burm. f.) Trin. *ex* Hensch. var. *dulcis* |

荸薺

　　多年生水生植物，生於沼澤或淺水中，兼具觀賞、食用及藥用價值，目前台灣中南部的台中、雲嘉一帶有較大規模的種植。株高30～100公分，匍匐根狀莖細長，先端膨大成塊莖。稈叢生，直立，一莖直上，無枝葉。球莖扁球形，皮厚黑，肉白且味道甜美，富含澱粉，生食煮食皆宜。

特徵　一莖直上，無葉片；容易與燈心草混淆，但燈心草的莖狀葉較為柔軟且散開。

食用　甜脆爽口，現多當成家常菜，炒、煮、做湯，或填魚丸、肉丸、香腸、甜不辣等的配料；也可當水果生食。

別名　烏芋、地栗、鳧茈、鳧茨、黑三稜、芍、藕菇、馬蹄。（客家名：烏芋仔、馬蹄）

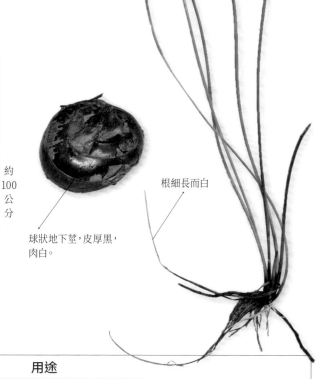

一莖直上，無枝葉。

球狀地下莖，皮厚黑，肉白。

根細長而白

約100公分

多年生水生植物，稈直立叢生。

用途
味甘、性微寒、無毒，有溫中益氣、消風毒、明耳目、消黃膽、開胃、消宿食等功效，可治咽喉腫痛、蠱毒、大便躁結、帶狀疱疹、百日咳、下痢赤白、小兒口瘡、婦人血崩。

棲所：水田、澤地、植物園、公園水池和鄉間水池、水缸　　利用部分：地下塊莖

| 錦葵科 | 賽葵屬 | *Malvastrum coromandelianum* (L.) Garcke. |

賽葵

　　多年生灌木狀草本植物，莖直立，高50～90公分，全株散生茸毛及星狀毛。葉互生，有長柄，鋸齒緣，狹卵形，長2.6公分，寬1～2公分，兩面披疏毛，托葉小，長約0.5公分。夏秋開黃色花，單朵，腋生，花萼鐘狀，頂部有5小裂片，5花瓣，單體雄蕊，有10心皮，每個心皮有一直立胚珠。花後結扁圓形果，果不開裂。過去還未普遍使用瓦斯爐的時代，曬乾後做成草結可當成材薪使用。

特徵　和金午時花是「親密愛人」，形影不離，只要看到金午時花，就可見其蹤跡。賽葵的葉子較多毛且葉子較深綠色，葉為狹卵形；而金午時花的葉是披針形，先端銳形，基部圓形。

別名　路葵、路路通、黃花棉、黃花草、大葉黃花猛、山黃麻、苦麻、山洋麻、濱賽葵、苦麻賽葵。（客家名：假黃猛仔。）

夏秋開黃色花，花單朵腋生。

約35公分

多年生草本植物，分枝大都有貼伏的星狀毛。

葉緣為不整齊的鋸齒緣，葉兩面疏生茸毛。

用途

味甘淡、性涼、無毒，有利濕散瘀、清熱解毒的功效，可治前列腺炎、風濕性關節炎、痔瘡、急性肝炎、腸炎、痢疾、感冒咳嗽。鮮草搗敷，可治癰疽瘡腫、跌打損傷。

棲所：全島低海拔地區，遍生於山野、荒地、坡地、草叢、山溝邊、路邊、屋角、空地　　利用部分：全草

車前科	車前草屬

車前草

　　多年生草本植物,隨處可見,是台灣最常見的植物之一,也是青草茶常用原料。別名「當道」,因常成群著生於車道、馬路及步道旁而得名。株高30～60公分,葉叢生於甚短的根莖上,貼近地面,有長柄,葉片如湯匙,為圓形或橢圓形,表面呈綠色,葉背淡綠色,有5～7條平行的弧形脈,全緣或鋸齒緣。夏天由葉叢中抽出花軸,花長4～5公分,穗狀花序,軸上生白色小花。花後結圓錐形蒴果,內含少數種子,成熟時橫裂成二,散出極細小的種子。

特徵　單看一株就會發現,全株的花葉排列,正好是一個完整的「牛車輪子」,所以才有「車輪菜」的俗稱。

食用　野外求生食物,食用部位是嫩葉芽,生食帶點青草味,煮食後味道佳。

別名　車前子、車輪菜、地衣、牛舌草、豬耳草、飯匙草、車轆轆、蝦蟆衣、車前、當道、苤苢、牛遺、馬舄。(客家名:車前草)

夏天從葉叢中抽出花軸,長4～5公分。

葉簇生,圓形或橢圓形,具波狀緣。

棲所:自生於山區、平野、鄉間泥路邊、庭院、河畔、荒廢地

Plantago asiatica L.

風一吹，大量花粉便飛散開來。

約
30
公
分

多年生草本植物，分布廣泛，從平地到高海拔皆可見其蹤影。

穗狀花序，軸上生
白色小花。

用途

性寒、無毒，有消炎、利尿、清肝明目、鎮咳、止瀉、止咳、祛熱等功效，可治水腫、小便不利、淋濁、尿急、尿頻、尿道痛、尿血、尿路結石、腎炎、胃熱腸炎、細菌性痢疾、急性黃疸、肝炎、支氣管炎、結膜炎等症。注意：內心疲勞、陽氣下陷的人要慎用。

利用部分：全草

莧科	蓮子草屬	*Alternanthera payonychioides* St. Hill

法國莧

　　多年生草本植物，很早就移植台灣，大規模種植大概是在五○年代。株高約18～30公分，多叢生，莖肉質，節密集膨大，長得茂密，全株光滑無毛，近根處有短鬚氣根。葉對生且輪生，每節葉腋各長幼枝芽，幼枝頂端分歧3、4片小枝葉，與母葉相似，全緣，葉柄有2公分長，長披針形或圓心形，先端銳尖，逐漸大至基部延接葉面；主脈明顯，黃綠色。春天開白色小花。花後結短圓形蒴果，內藏有多數灰褐色種子。

特徵　分白莖與紅莖兩種，多叢生，莖肉質，節密集膨大，近根處有短鬚氣根。

食用　鮮草可以當菜蔬使用，炒蛋、煮湯都很可口。

別名　腰子草、豆瓣草、腎草、綠莧、莧草。（客家名：腰仔〈ㄨㄟˊ〉草）

紅莧草，色澤隨季節變化，呈緋紅或褐紅色。

約25公分

莧草，多年生草本植物，春夏萌發新枝葉，新葉片成黃色或乳白色。

葉對生且輪生，長披針形或圓心形。

莖肉質，節密集膨大。

用途
性平溫、無毒，有消腫、除濕、止痛、祛風、行血、利尿、涼血、破血、解毒、潤腸、清熱化瘀等功效，可治尿毒症、急慢性腎炎、尿酸過高、痛風、類風濕性關節炎、糖尿病（手指關節結石變形或疼痛）、手足麻木、抽筋、膀胱癌、膀胱炎、高血壓、血脂肪過高、胃炎、十二指腸潰瘍、神經痛、風濕關節疼痛等。

棲所：藥用植物園、藥用研究單位、農業改良場、學校、公園等	利用部分：全草

| 柳葉菜科 | 水丁香屬 | *Ludwigia* × *taiwanensis* C. I. Peng |

台灣水龍 [特有種]

　　多年生浮水或匍匐狀草本植物,是理想的觀賞水生植物,種植在庭園造型的大小水池中尤佳,會如水蛇般跨越水塘生長,令人聯想起名字。株高約30～60公分,株莖橫走泥中,全株有白色呼吸根。葉互生,全緣,倒卵形,有柄,葉面光澤,先端銳尖,基部漸狹成柄;主脈顯著,黃白色,側脈不明顯。夏秋間開黃色花,腋出,單生,具2～3公分的柄,萼筒與子房貼生,花瓣5枚,雄蕊10枚,柱頭膨大。

開5瓣黃色花,花後結圓柱形蒴果。

特徵　顧名思義,本種是離不開水的水生植物,若無人為刻意侵害,會像布袋蓮一樣恣意地霸占整個水面。呼吸根白色,能漂浮水面且橫走泥中。

食用　嫩莖葉可加蒜末炒食,是一道難得的野味。

別名　魚鰾草、水浮藤、枇杷葉、過江龍、水龍、崩草、水江龍。(客家名:過塘蛇〈ㄕㄚˇ〉、水龍)

葉互生,全緣,倒卵形。

用途

味甘淡、性涼、無毒,有清熱、利濕、解毒、消腫等功效,可治帶狀疱疹(飛蛇、攔腰蛇)、腫毒、感冒發熱,燥熱咳嗽、麻疹後高熱不退、腸炎、小便不利等症。外用則以鮮草搗汁,加入糯米粉調塗,可治帶狀疱疹。

棲所:自生於沼澤、田野、水塘、水溝　　|　　利用部分:全草

蓮科	蓮屬

蓮（荷）

　　多年生宿根水生草本植物，荷花與蓮花只是文字上的差別，指的都是本種植物。兼具觀賞、食用與藥用三種價值，各個部位皆有其特殊妙用，因此也造就了台灣蓮花之鄉台南市白河區的無限商機，整個白河區因為蓮花而動了起來。株高約1～2公尺，但會隨水深而變化，根莖在水底土中生長成藕，藕下的鬚狀根才是真正的根。葉大而圓，呈楯形，與金蓮花一樣，葉背中央都有一柄，柄上長刺毛，細長的葉柄高出水面並負荷一面大葉子，葉脈呈放射狀，葉面上的氣孔密生細毛，可隔絕水與空氣；葉柄內的管狀空隙與泥中的藕相連，得以呼吸水面上的新鮮空氣，葉柄上的刺可以防止水生動物的囓害。夏天開花，花被無花冠與花萼分別，全體呈花瓣狀，通常為16瓣，雄蕊多數環生於杯狀的花托下，雌蕊則生於花托上蜂窩狀的小窩內。花色不一，有白、淡紅、黃、紫、雜色等。花謝後子房和花托同時膨大成為蓮房，蓮房內一顆顆的蓮子即為果實。

特徵　《本草綱目》記載的蓮荷是指蓮花而不是睡蓮（見128～129頁），因為其中有言：「其根藕，其實蓮，其莖葉荷。」蓮有蓮子、蓮藕、蓮蓬，睡蓮則無；蓮是一節一節的長形藕根，睡蓮則是近似圓形的塊狀根；蓮的葉花均高出水面1公尺許，睡蓮則漂浮在水面上。仔細觀察，兩者不難分辨。

別名　芙蓉、芙蕖、菡萏、澤芝、水芸、水芝、水華、佛座鬚、君子花、玉環。（客家名：蓮花）

約35公分

多年生宿根性水生植物

棲所：種植於水田、公園、學校、一般住家

Nelumbo nucifera Gaertn.

果實藏於蓮蓬內，
稱為蓮子。

每朵花只開3天，開放時間多在
清晨與傍晚。

花瓣通常為16片

葉面大且圓形無缺，
挺出水面。

用途

性甘澀、無毒，有皮膚美白、清心寧神、補虛益損、止血、降血壓、利耳目等功效，可治白濁遺精、小便頻
仍、牙齒疼痛、脾泄腸滑、久痢、產後咳逆、傷寒口乾、小兒熱咳、反胃吐食、上焦痰熱、血崩不止、腳膝浮
腫、偏頭痛、孕婦傷寒、脫肛不收、妊娠胎動、吐血等。

利用部分：全草

睡蓮科	睡蓮屬

睡蓮

　　多年生宿根性水生植物，外形美，花色多，花形大，又有迷人的香氣，是很難得的水生植物，可供切花及押花之用，最近還成為花茶界的新寵兒。株高隨水深不同而異，約有90～120公分，全株光華亮麗。葉自根莖抽出，漂浮水面，有波浪鋸齒緣，葉圓形，葉面光澤，深綠，革質，具長柄，有不規則的紫褐色斑紋，葉徑長10～40公分，長寬相當。夏季開紅、黃、白、紫、藍各色花，花徑也長達10～40公分，萼4枚，花瓣多數，雄蕊也多數，心皮多數。花後結海綿質漿果，內含6～10顆種子，熟時黑色。

特徵　蓮（見126～127頁）與睡蓮簡單區分，就是蓮葉高出水面，而睡蓮葉則漂浮在水面上；蓮有蓮蓬、蓮子、蓮藕，但睡蓮則無一。

食用　目前主要供製蓮花茶，烘乾泡茶，只要一小片即香味四溢。古人認為食用睡蓮花可以美白皮膚，延年益壽；葉及葉柄可充作蔬菜，花可煎湯服治小兒慢驚風。

別名　子午蓮、瑞蓮、池中仙子、藍睡蓮、北碧花。（客家名：睡蓮、香蓮）

多年生宿根性水生植物，葉自根莖抽出，漂浮水面。

約100公分

棲所：沼澤、田野、公園……，已有較大規模的經濟栽培。

Nymphaea sp.

色彩繁多，氣味清香。

花大形，於清晨開放，
下午閉合。

睡蓮葉子漂浮在水面上，
與荷葉挺出水面不同。

用途

味甘淡、性寒、無毒，有祛風、消炎、止痢、鎮靜、收斂、利尿、解毒等功效，可治腸炎、熱痢、中暑、小兒急慢驚風、失眠。外用：以睡蓮的葉煎汁洗患部，或以鮮草搗汁外敷可治疗腫。

利用部分：根、莖、葉、花

腎蕨科	腎蕨屬	*Nephrolepis cordifolia* (L.) C. Presl.

腎蕨

　　多年生附生及土生植物,因孢子囊群的孢膜呈腎臟形而得名,兼具食用、藥用、切花、野外求生等多種用途。株高約30～60公分,根狀莖直立,葉叢生,被有多數黃棕色狹線鱗片,從根莖上長出許多根狀的走莖,走莖末端有時具圓球狀塊莖,上面同樣布滿鱗片(球狀塊莖直徑約1～3公分)。葉片長約25～60公分,一回羽狀複葉,羽片無柄,基部歪形且成耳狀,與葉軸連接處有關節,最下方的羽片有逐漸變小的現象,孢子囊群圓形,具有腎形的苞膜。

特徵　最奇特之處是根莖上長出許多根狀走莖,走莖末端有時還有圓球狀塊莖,這種球狀塊莖,直徑約1～3公分,飽含水分,是野外求生的飲用水來源。孢子囊群為圓形,有容易辨識的腎形苞膜。

食用　嫩葉炒薑片是一道佳餚,是野外求生很重要且隨處可得的一種植物。

別名　球蕨、腎鱗蕨、圓羊齒、玉羊齒、夜明吐球、山豬腎子、鐵雞蛋、鳳凰蛋。(客家名:腰仔蕨)

羽狀複葉,羽片多數,呈覆瓦狀排列。

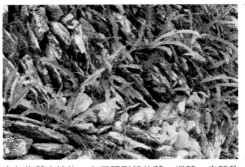

多年生草本植物,有三種形態的莖:根莖、走莖及塊莖。

約150公分

孢子囊群圓形,有腎形苞膜。

用途

性微寒、無毒,有清熱、解毒功效,可治腎炎、膀胱炎、瘡癤、瘡毒、癰腫、感冒發熱、慢性支氣管炎、乳腺炎、睪丸炎、肺結核咯血、腹瀉腸炎、腰痛、跌打損傷。

棲所:自生於山區、坡地、圍牆或石埠、磚瓦的縫隙間	利用部分:全草

| 鴨跖草科 | 蚌蘭屬 | *Rhoeo spathacea* (Sw.) Stearn |

紫背萬年青

　　多年生肉質草本植物，兼具觀賞及藥用價值。生長旺盛，種植容易，是理想的庭栽或盆栽觀葉植物。株高約30～60公分，莖直立，粗肥而短，不分枝。葉輪生，劍形或帶狀，葉面綠色，葉背紫色，頂端短漸尖，基部緊貼而成鞘狀，葉片光滑，主脈淡綠色。夏季開白色小花，多朵聚生於蚌殼狀或螃蟹狀的苞片內，苞片大而扁，長3～4公分，淡紫色，萼片3枚，分離，花瓣和萼片同數，離生，雄蕊6枚。花後結圓球形蒴果，完全發育，果小，開裂。

特徵　狀似螃蟹的苞片很醒目，也似蚌殼狀。葉面青綠色，葉背紫紅色，一眼就可分辨出來，這也是名字的由來。

食用　與川芎、瘦肉等燉服，可治外傷瘀血或吐血，也可治咳嗽及跌打腫痛。

別名　蚌蘭、紫萁、紫背鴨跖草、紅三七草。（客家名：螃蟹花、紅三七）

葉背紅紫色　　葉面濃綠色

葉劍形，輪生。

葉片簇生於短莖上

花白色，外有蚌殼狀苞片保護。

用途

性涼、無毒，有清熱、潤肺、解鬱功效，可治咳血、便血、菌痢、流鼻血、百日咳、肺炎、便祕、腸炎、淋巴結核、腎熱小便黃、癆傷。外用可治療燙傷。注意：身體虛寒怕冷者慎用。

約40公分

多年生肉質草本植物，莖直立，不分枝。

棲所：學校、公園、廟宇、遊樂區及一般住家　　｜　　利用部分：全草

| 十字花科 | 葶藶屬 | *Rorippa indica* (L.) Hiern |

葶藶

　　多年生草本植物，是不求自來的本土植物，喜歡生長在潮濕的地方或水邊，一大片生長在校園或庭院的下水道、排水溝邊，也很漂亮。株高約18～50公分，全草光滑無毛。葉互生，根生葉有柄，平鋪地面，羽狀中裂或有鋸齒緣；莖生葉較小而成披針形。春夏間開黃色花，總狀花序著生枝端，十字形，萼片線狀長橢圓形，花瓣狹倒卵形，4強雄蕊。花後結長角果，圓柱形，約2公分，種子黃色。

特徵　黃色花著生於枝端，花數多，十字形。長角果約2公分長，長在枝端，同時向上往四面八方成放射狀，非常醒目，莢果內有黃色的細小種子。

食用　野外求生食物，嫩心葉可單炒或拌肉絲炒食，味美可口。煎水代茶飲，可清熱解喉乾，也可搭配生魚、瘦肉、蜜棗一起煲燙，味道鮮美，也有潤肺作用。

別名　丁藶、簞高、大室、風花菜、焊菜、麥藍菜、田葛菜、辣米菜、塘葛菜、狗薺、白骨山葛菜、甜葶藶、山芥菜、山刈菜。（客家名：山芥菜）

長角莢果圓柱形，長約2公分。

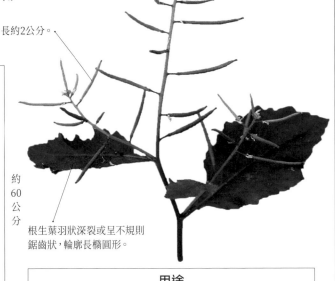

約60公分

根生葉羽狀深裂或呈不規則鋸齒狀，輪廓長橢圓形。

多年生草本植物，具辛辣味，別稱「山芥菜」。

用途

性寒、無毒，有清熱解毒、化痰止咳、止痛利尿、通經活血等功效，可治咳嗽、祛痰、咽痛、黃疸、水腫、跌打損傷、解熱、降血壓、腹脹積聚、頭風疼痛、肋膜炎。外用搗敷，可治癰疽、疔瘡。

| 棲所：自生於山野、路邊、田中、菜圃、庭園、牆角 | 利用部分：全草 |

喬木及灌木　多年生草本　一年至二年生草本　其他

鳳尾蕨科	鳳尾蕨屬	*Pteris ensiformis* Burm.

箭葉鳳尾蕨

　　多年生草本植物，俗名「井口邊草」。顧名思義，想要找到它，不妨到有古井的地方試試運氣，大概都能找得到。株高約30～70公分，根莖短而斜上，質硬，密被濃褐色的茸毛。葉從根莖生出，葉柄長，褐色。葉有兩型，一是不生孢子囊的營養葉，葉柄較短，葉身廣卵形，為二回羽狀複葉，邊緣具不明顯的鋸齒；另一種是著生孢子囊的葉片，多次分裂成長線形，邊緣全緣，向內反捲，近邊緣著生線形的褐色孢子囊群，全形如野雞尾，因此又稱為「鳳尾草」。

特徵　葉子是最清楚的辨識特徵，葉片多次分裂成長線形，向內反捲，形如野雞尾；而「井口邊草」是指本種的生長習性而言。

食用　台灣民間經常使用的青草茶原料，可退火氣（內熱）。

別名　井口邊草、鳳尾草、鳳尾蕨、三叉草、劍葉鳳尾草、雉雞尾、山雞尾、鳳凰尾、井欄邊草。（客家名：井口邊草、鳳尾草）

全葉輪廓呈披針形或長三角形

約70公分

多年生草本蕨類植物，性喜石灰質土壤，
適宜生長在潮濕、通風之處。

葉光滑，有營養葉及孢子囊葉兩型。

用途
性寒、無毒，有清熱、利濕、涼血、止痢等功效，可治黃疸、痢疾、瘧疾、咽喉腫痛、乳癰、腮腺炎、濕疹、霍亂、大腸炎、慢性盲腸炎、淋病、小兒夜啼、牙痛、腎炎、尿道炎、尿黃、口腔炎。

棲所：自生於山區、田野、圳溝邊、林蔭、牆角、石壁或水泥壁等較陰濕處	利用部分：全草

喬木及灌木　多年生草本　一年至二年生草本　其他

土人參科	土人參屬

土人參

　　多年生草本植物，枝葉青翠亮麗，粉紅色花成簇綻放，株形美麗，無論盆栽、庭栽都具觀賞價值。株高可達60多公分，全株平滑無毛，根肉質肥厚，近似紡錘形，莖分枝不多，中部以下長葉，中部以上為花序軸。莖葉柔軟多汁，葉近於對生或互生，卵形，全緣，葉主脈清晰，白綠色葉端短尖，有時鈍而圓，基部楔形，幾乎無柄。初夏開淡紅色小花，頂生，圓錐花序，花萼2片，花瓣5片，雄蕊15～20枚。果為球形蒴果，瓣裂，內有黑色種子數枚。

特徵　主根粗大，肉質肥厚，形如人參而得名。莖分枝不多，中部以下長葉，中部以上為花序軸，是比較奇特之處。

食用　食用花草之一，莖葉肥厚，可用麻油加薑炒食或煮湯，口感不錯，目前已成了家常菜。嫩莖葉洗淨後可醃漬成醬菜，葉曬乾後可用來泡茶，味甘止渴。主根可切片燉肉。

別名　櫨蘭、東洋參、參仔草、波斯蘭、參仔葉、波世蘭、台灣參、參草。（客家名：土人參、參葉）

球形蒴果，徑約0.4公分。

約60公分

多年生草本植物，主根肉質肥厚，因形似人參而得名。

棲所：種植於菜園、農業改良場、藥園、一般住家

Talinum paniculatum (Jacq.) Gaertn.

根肉質肥厚，
形如人參。

花紫紅色，花梗
細長。

莖中部以上為
花序軸

葉卵形，全緣，
主脈清晰。

莖中部以下長葉

用途

性平、無毒，有補中益氣、潤肺生津、涼血等功效，可治病後體弱、癆傷咳嗽、遺尿、月經失調、內痔出血、乳汁不足、脾虛勞倦、消炎、鎮痛、尿毒症、糖尿病、多尿症。外用以鮮草搗敷，可治癰腫。

利用部分：全草

| 鴨跖草科 | 水竹草屬 |

吊竹草

　　多年生匍匐草本，物來種，現已成為園藝栽培的一分子，因為可作為蛇傷用藥及野菜，在近山區的地方，不管校園或住家庭園中都很容易見到。株長約1公尺，莖稍肉質，分枝，無毛或被疏毛，節上生根。葉無柄，稍肉質，橢圓狀卵形，頂端短尖或稍鈍，全緣，葉面平滑有金屬光澤，幼時被疏細毛，葉鞘頂部和基部有時全部被疏長毛。春天開花，花數朵聚生於小枝頂部的兩片葉狀苞片內，花萼3片合生成管狀；花瓣3片，基部合生成管狀，白色，長約1公分，裂片紫紅色。花後結近球形的蒴果，成熟時3裂。

特徵　喜生長在林蔭下，表面紫綠色且雜以銀白色的葉子在日照弱、空氣中布滿水氣之處更是豔麗迎人。

食用　用開水氽燙後拌豆瓣醬，是一道美味可口的野菜。

別名　吊竹梅、水竹草、花葉竹夾菜、花葉鴨跖草、紅苞鴨跖草、紫背鴨跖草、雞舌草、紫露草、帽子花、藍姑草、耳環草、紅水竹仔菜。（客家名：紅鴨舌草、吊竹梅）

株長約70公分

多年生匍匐草本植物，莖蔓性，莖節易發根。

用途
性微寒、無毒，有清熱、利水、消腫、解毒、止血等功效，可治白帶、淋濁、水腫、肺結核咯血、風熱頭痛、急性結膜炎、心臟性水腫、腳氣水腫、腎炎水腫、慢性痢疾、腸炎腹瀉、扁桃腺發炎。外用搗敷，可治毒蛇咬傷。

棲所：外來種，人工種植外可見於林蔭下、陰棚牆角陰濕處。

Tradescautia penclula (Schnizl.) D. R. Hunt

葉長卵形，銀灰色，
有金屬般光澤。

葉緣、葉背為紫紅色。

仙人掌科	仙人掌屬

胭脂仙人掌

　　原產中美洲，台灣有栽培，是常見庭院或室內布置用植物。多年生肉質灌木，成株一般高2-2.5公尺，亦有高達4公尺者。多分枝，葉狀枝 (cladode) 扁平，橢圓形至倒卵形，長15-27公分，表面光滑。刺座間距3-5公分，直徑1-2公釐，有刺或無刺，刺可長達3公分。葉退化不顯著，早落。花單生，長5-8公分，週位花，具明顯花托筒，花被片寬卵形或倒卵形，先端尖或漸尖，長0.5-2公分，雄蕊多數，雌蕊單一，柱頭6或7裂。果實肉質，成熟紫紅色，倒圓錐狀或梨形，長3-5公分，可食用。

特徵　袖珍型的葉子若不仔細觀察，可能會錯過，或許還會把莖誤以為是葉子，其實葉子就長在莖上面。

食用　果實含大量水分及大量的鮮紅色素，甘美解渴，食後滿口鮮紅。果汁還可製成果醬，酸甜滋味，令人難忘。

別名　霸王、火餤、老虎骨、武扇仙人掌、山巴掌、火掌、玉芙蓉。（客家名：仙人掌）

花單生，外部的綠色向內漸變為花瓣狀。

約200公分

莖基部近圓柱形，稍木質，上部有分枝，節明顯。

棲所：種植於公園、藥園、遊樂區、學校、植物園

Opuntia cochenillifera (L.) Mill.

漿果倒卵形或梨形,紫紅色。

幼嫩葉狀枝的刺座上有時會
出現退化的綠色小葉片。

扁平肥厚的葉狀枝常被誤以為
是葉子,呈橢圓形至倒卵形。

一般認為仙人掌的刺是由葉片
特化而成。

用途

性涼、無毒,有清熱、解毒、消炎、鎮痛等功效,可治胃潰瘍、十二指腸潰瘍、急性痢疾、咳嗽、腮腺炎、乳腺炎、瘡癤癰腫、腸痔瀉血、心氣痛。外用可治燒燙傷、蛇傷、疔腫。注意:孕婦忌用。

利用部分:全草

| 薔薇科 | 地榆屬 | *Sanguisorba officinalis* L. |

小葉片長卵形至
線狀長橢圓形

地榆

　　多年生草本植物，古時道家在煉丹過程中要排除火毒時會用上。株高1～2公尺，根莖粗壯，獨莖直上，木質化，根呈紡錘形或長圓柱形，外面紅黑色，斷面帶暗紅色，似柳根。葉似榆葉，稍狹細長似鋸齒狀，為奇數羽狀複葉，小葉7～19片，基生葉較大。七月間開暗紫紅色花，穗狀花序頂生，圓柱狀，花小密集，5～8個花序，再排成疏散的聚繖狀。花後結褐色的橢圓形瘦果，內有1顆種子。另有一種長葉地榆（*Sanguisorba officinalis* L. var. *longifolia* (Bert.) Yu et Li），根也可供藥用。

特徵　花最為奇特，暗紫紅色花狀如桑椹果，穗狀花序，花小而密集。

食用　根可釀酒；葉可代茶沖泡飲用，十分消暑，又可供家常菜食用。

別名　玉豉、酸赭、黃瓜香、山地瓜、豬人參、血箭草。
　　　　（客家名：地榆、血箭草）

奇數羽狀複葉，小葉7～19片，
類似榆葉。

多年生草本植物，莖木質化，根呈不規則紡錘
形或圓柱形，具療效。

約
100
公
分

用途

性微寒、無毒，有止痛、除惡肉、療金瘡、止膿血、解毒、解熱、利尿、消腫毒、解酒、除渴、明目等功效，可治便血、痔血、血痢、崩漏、水火燙傷、癰腫瘡毒、吐血、婦人漏下、小兒疳痢、小兒濕瘡等。

| 棲所：種植於全台藥用植物園、藥園、農業改良場、農場 | 利用部分：全草 |

| 三白草科 | 蕺菜屬 | *Houttuynia cordata* Thunb. |

魚腥草

多年生草本植物,因莖葉搓碎後有魚腥味而得名,是藥用價值極高的常用中草藥。株高約可攀爬20～33公分,全株無毛,根莖發達,在地下匍生長。葉互生,心形或寬卵形,全緣,銳尖頭,具有線狀長橢圓形的托葉,葉背有時為紫色,托葉基部抱莖。秋天開白色花,頂生,為穗狀花序,兩性花,有3枚雄蕊,花柱3個。花後結球形蒴果,種子多而小,成熟後開裂散播。

特徵 湊近一聞,即使是一小片葉子,也會飄出魚腥味,十分容易辨識。

食用 嫩葉可食用,煮成湯後,鮮嫩可口,腥臭盡除,是野外求生食物。曬乾可沖泡茶飲,味道不輸一般茶葉。煮成青草茶,再加上一些冰糖或黑糖,味美可口。

別名 蕺菜、臭菜、豬鼻孔、側耳根、臭腥草、臭瘟草、手藥、九節蓮。(客家名:狗貼耳)

花頂生,為穗狀花序。

葉互生,葉基心形。

葉柄紅色

多年生草本植物,全株有一股腥騷味。

約20公分

用途

性涼、無毒,有清熱、解毒、利尿、消腫、抗病毒、抗菌、化膿生肌、涼血降壓等功效,可治氣管炎、支氣管炎、肺膿瘍、肺炎、感冒咳嗽、鼻竇炎、蜂窩性組織炎、腎炎水腫、腸胃炎、中耳炎、小便淋痛、痔瘡、陰道炎、皮膚炎、乳腺炎、扁桃腺炎、脫肛、淋病、狹心症。外用鮮草搗敷,可治毒蛇咬傷。

棲所:種植於全台藥用植物園、藥園、農業改良場、農場、休閒農場　利用部分:全草

酢醬草科	酢醬草屬

酢醬草

　　多年生匍匐性草本植物，野外求生食物，果實可放入口中嚼食，味道有點酸又不會太酸，非常止渴。株高約3～6.6公分，多分枝，可攀爬10～30公分長，往往成一大群落在地下匍匐生長。葉互生或對生，有長柄，小葉倒心形，托葉倒卵形，由3小葉組成，每一小葉葉緣有梅花形凹裂，葉直徑1～2公分，葉背有白色柔毛。四季開黃色花，腋生，為總狀花序，有5片花萼與花瓣，雄蕊10枚，子房5室。花後結長圓錐形蒴果，有五稜，內藏許多細小的橘紅色種子，成熟時一觸即開裂散播。

特徵　五稜的圓錐形蒴果內藏有無數橘紅色的種子，是特有的外貌，很容易辨識。梅花般的葉子，由6片心形葉瓣組成如梅花狀，與由4片葉瓣組成的「田子草」不同。此外，葉片還有一個特性，即白天展開，夜晚閉合。

食用　取鮮葉嚼食，能止渴；嫩苗莖葉可食。

別名　酢醬、三葉酸草、酸母草、酸其、三角酸、三葉酸、鹽酸仔草、雀兒酸、鳩酸草、赤孫施、酢漿草、黃花酢醬草、小酸茅，雀林草，酸漿、斑鳩草、山鹽酸、酸味草、黃花草、六葉蓮。
（客家名：鹽酸仔、服橋酸）

多年生匍匐性草本植物，往往成一大群落在地下匍匐生長。

株長約60公分

棲所：自生於田野、圳溝邊、路旁、屋角、庭院

Oxalis corniculata L.

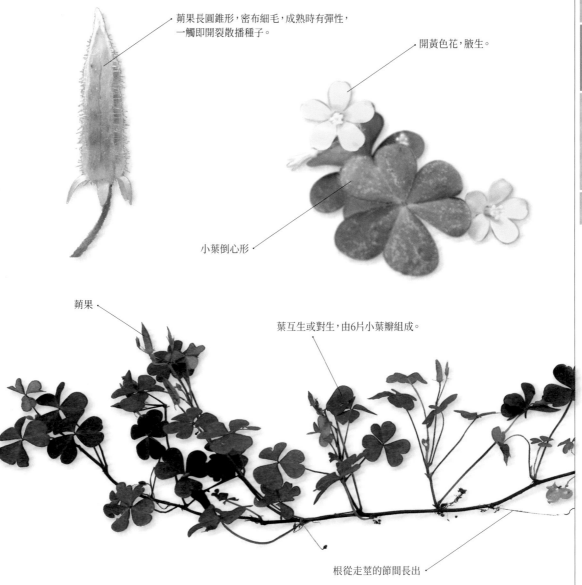

蒴果長圓錐形，密布細毛，成熟時有彈性，一觸即開裂散播種子。

開黃色花，腋生。

小葉倒心形

蒴果

葉互生或對生，由6片小葉瓣組成。

根從走莖的節間長出

用途

性寒、無毒，有清熱利濕、涼血活血、消腫解毒、生津止渴、止痛、殺蟲等功效，可治支氣管炎、痔瘡出血、肺炎、咳嗽、咽喉炎、小便血淋、赤白帶下、痔瘡脫肛、胃痛、牙齒腫痛、神經衰弱、結石、淋病、尿道感染。外用鮮草搗敷，可治跌打損傷、惡瘡腫瘤等。

利用部分：全草

禾本科	大麥屬	*Hordeum vulgare* L.

麥芽

　　麥芽是大麥成熟果實經發芽乾燥而成，是極理想的食品。大麥為一年或二年生草本植物，株高約40～80公分，稈直立，光滑。葉鞘先端兩側有彎曲鉤狀的葉耳，葉舌小，膜質，長披針形或帶形，上面粗糙，下面較平滑；主脈綠黃色，清晰。夏天開黃白色小花，為穗狀花序，長4～10公分，每節生3枚結實小穗，穎線形，無脈，頂端延伸成芒，內稃、外稃等長。花後結長橢圓形穎果，有縱溝，熟時與稃體黏著，不易脫落。

特徵　葉鞘先端兩側有鉤狀葉耳，葉舌膜質，長1～2公釐。開黃白色小花，為穗狀花序。結長橢圓形穎果，有縱溝，熟時與稃體黏著，不易脫落，是本種最大的特色。

食用　麥芽能消一切米麵食積，還能製成各種健康食品，例如花生糖、麥芽糖、芝麻糖等等。不過要注意的是，麥芽容易腐蝕琺瑯質，引起蛀牙，所以食用麥芽製品後，一定要記得刷牙。此外，還可碾製煮成飯粥或釀造啤酒及威士忌，以及烘炒煮成麥茶。

別名　櫻麥蘗、麥蘗、草大麥。（客家名：麥芽）

麥芽是由大麥粒發芽後再經過乾燥處理製成

約60公分

一年或二年生草本植物，稈直立，葉鞘先端兩側有彎曲的葉耳。

用途

性溫、無毒，有和中健胃、消食除滿、下氣回乳等功效，可治食積腹脹、食欲不振、腳氣病、乳脹、產後腹腫、坐臥不安、妊娠去胎等症。

棲所：台灣僅種植在台中、嘉義、外島金門一帶	利用部分：果實

喬木及灌木　多年生草本　一年至二年生草本　其他

豆科	決明屬	*Senna tora* (L.) Poxb.

決明

　　一年生灌木狀草本植物,株高30～60公分,全株都被密藏的葉所掩蓋。葉互生,呈偶數羽狀複葉,有5～6公分的長柄,小葉3對,為倒卵形,主脈清晰,其餘網脈、側脈模糊,全緣,葉片綠中帶黃。秋天開黃花,花成對腋生,花序具短柄,花冠鮮黃色。花後結長線形豆莢果,稍扁,有時成弓形彎曲,內含多數種子,十月、十一月間成熟,可採收利用。

特徵　莖直立或斜出,全身披短柔毛,莖木質化,分枝多,枝莖上往往有疣狀環節,莖皮光滑,深綠色。處理枝、葉、果時,會聞到一股奇特的臭青味,但料理後則無。

食用　理想的野外求生食物,嫩莖、葉及幼苗可作菜食,有清肝明目效果。種子 (決明子) 曬乾,再經焙炒,可當咖啡、茶的代用品,味道香甘可口,是過去客家老人家最喜歡喝的「豬麻藍仔茶」。注意:肝虛血虛者勿用,虛弱性腹瀉者勿用。

別名　小決明、草決明、石決明、土常山、馬蹄決明、假綠豆。(客家名:豬麻藍仔)

決明子炒後沖泡,風味獨特。

長線形豆莢,內含多數種子。

葉互生,偶數羽狀複葉。

約25公分

一年生灌木狀草本植物,莖多分枝,開黃花,花期七月至九月。

用途

決明子性平、無毒,有清肝明目、利尿、潤腸通便及降血壓、血脂等功效,可治肝火上升、頭痛、頭昏、眼睛畏光、積年失眠。外用可治癬瘡蔓延、腎炎、胃腸虛弱、膀胱炎、黃疸、肝硬化、尿道炎、急性結膜炎、便祕、癰腫瘡毒。莖葉可治皮膚病、皮膚癢、香港腳。

棲所:自生於山區、平野、路邊、河畔、河床、荒廢地	利用部分:全草

| 蝶形花科 | 丁癸草屬 | *Zornia cantoniensis* Mohlenbr. |

丁癸草

　　一年或多年生矮小草本，稀有。莖纖細，貼地而行，長約15～60公分，有時有較粗的根狀莖，基部分枝，披散或傾臥，高5～10公分。葉為二出複葉，小葉2片，對生於葉柄的頂端，成人字形，狹長橢圓形至披針形，背面有褐色腺點，托葉盾狀著生，卵披針形或橢圓形。春天開黃紅色花，有一對盾狀著生的卵形苞片覆蓋，2～10朵排成疏離的穗狀花序，花萼小，膜質，2唇形，花冠蝶形，雄蕊10枚，花絲合成單體，花藥有長短兩種形式。花後結莢果，有倒鉤刺，2～6個莢節，每節有種子1粒。

特徵　人字草很容易找到，生於葉柄頂端、呈人字形的葉子就是命名由來，由三片小葉子組成的葉組，就像是展翅飛翔的蒼蠅翅膀，因此又俗稱為「烏蠅翼」。

別名　人字草、二葉人字草、鋪地錦、地丁、烏蠅翼草。（客家名：烏蠅翼）

花黃色或橘黃色，小，長8～10公釐。

莢果～6節，每節長3～4公釐，具刺。苞片卵形。

株長約60公分

一年生或多年生矮小草木，莖纖細，貼地而行。

用途

性涼、無毒，有清熱、解毒、去瘀、消腫、利尿、排毒等功效，可治感冒、咽喉炎、結膜炎、肝炎、黃疸、乳腺炎、小兒疳積、毒蛇咬傷。外用：鮮草搗敷可治跌打損傷。

棲所：自生於校園、山野、路邊、圳畔、河濱、田埂　　　　　利用部分：全草

| 菊科 | 魚眼草屬 | *Dichrocephala integrifolia* (L. f.) Kuntze |

茯苓菜

　　一年生草本植物，株高約20～60公分，台灣平地郊野常見。葉互生，下部葉具長柄，倒卵形或橢圓形，長約5～15公分，寬約3～5公分；上部葉較小且少分裂，兩面均生有細柔毛。春秋間開花，花綠白色帶黃色，為頭狀花序，自莖頂或上方的葉腋抽出，再成總狀排列；頭狀花序圓球形，狀如魚眼珠，因此俗稱魚眼草。花後結扁平瘦果，有腺點，但無冠毛。

特徵　頭狀花序圓球形，狀如魚眼珠。花形與豨薟草（*Siegesbeckia pubescens*）類似，但仔細看會發現豨薟草的圓球形花周邊有四個角狀的總苞片。

食用　不錯的野菜，可當野外求生食物，嫩葉苗不管炒肉絲、素炒、煮魚湯、燉排骨皆美味可口。但體虛胃弱者，要少食用。

別名　魚眼草、一粒珠、豬菜草、山胡椒菊、豬苓菜。（客家名：茯苓草、一粒珠）

頭狀花序圓球形，狀如魚眼珠。

上部葉較小且少分裂

一年生草本植物，本省平地郊野常見，全株綠色而柔軟。

約35公分

下部葉具長柄，倒卵形或橢圓形。

用途

性微寒、無毒，有清熱明目、消炎解毒、袪火降壓等功效，可治高血壓、肺炎、熱毒、由糖尿病引起的尿毒症、瘡腫、角膜炎。用鮮草與丁豎杇搗敷，或與刀傷草搗敷可治刀傷及止血。

| 棲所：自生於全台山野、路邊、田園、屋角、荒廢地 | 利用部分：全草 |

菊科	鬼針草屬

大花咸豐草

　　一年生草本植物，是台灣常見的野生雜草，也是民間有名的藥草，在中海拔以下的路邊、空地、河岸、果園等地都可以見到，甚至在中山高速公路嘉義交流道上來的邊坡也能看到白花盛開，證明大花咸豐草天然旺盛的生命力。株高約66～100公分，全株無毛；莖直立，四稜形（方形），多分枝，綠色而帶淡紫色，節部尤其明顯。莖中部和下部的葉對生，二回羽狀深裂；上部之葉則互生，較小，為羽狀分裂。四季開花，花白色或黃色，頂生或腋生。花後結瘦果，黑褐色，頂端有針狀冠毛，似鉗子一般，上有倒刺，可附人畜、衣物傳播繁殖。

特徵　最主要的辨別特點是莖與果實：莖方形，四稜；果實尖長，尾巴有如蝦腳般，只要一碰觸，就會牢牢沾黏在衣物上。

食用　採全草鮮用或曬乾使用，加水煮成茶飲，可消暑。嫩莖葉（尤其心葉）或幼苗可炒食，是常見的野菜，同時也是煮青草茶的極佳材料，配上長梗菊（見94頁）、紫背草（見152～153頁）、一枝香（見154頁）、箭葉鳳尾蕨（見133頁）同煮尤佳，不僅護肝且清熱排毒。

別名　鬼針草、婆婆針、白花婆婆針、盲腸草、恰查某、蝦公夾、鬼鍼草、咸豐草、南風草、含風草。（客家名：蝦公夾）

瘦果會附在人畜及
衣物上傳播繁殖

約
70
公
分

莖方形，四稜。

一年生草本植物，株高約66～100公分。

利用部分：全草

Bidens pilosa L.var. *radiata* (Sch. Bip.) J. A. Schmidt.

四季開花，花為白色或黃色。

葉為羽狀複葉，小葉卵形。

用途
性平、無毒，藥用上，是清熱、解毒、散瘀活血的良藥，可治風濕疼痛、濕熱黃疸、毒蛇咬傷、蜘蛛咬傷、割甲傷肉、糖尿病、乙型腦炎。

利用部分：全草

飛機草

　　一年生草本植物，相傳是在二次大戰期間，因台灣缺少菜蔬而由日本人所引進，當時用飛機從空中撒播種子，所以台灣全島都可見到，俗稱「飛機草」；又時值昭和年間，因此也稱「昭和草」。株高約30～45公分，莖直立，柔軟多汁，有縱紋，被粗毛或無毛。葉互生，長橢圓披針形，先端尖，為不規則鋸齒緣，靠近基部的葉常呈羽狀深裂，柄兩側呈狹翼狀。春至秋季開紅紫色花，為頭狀花序，頂生，常呈下垂狀，均為管狀花，總苞圓筒形，基部膨大。花後結具白色冠毛的瘦果，常隨風飄散。

特徵　葉子基部羽狀深裂，葉緣有不規則的鋸齒，葉子中肋暗紅色。頭狀花序紅褐色，全部由細瘦的管狀花組成。

食用　隨地可取，是非常理想的野外求生食物，採回家後先以開水稍燙，再以蒜末炒食，味美可口。

別名　神仙菜（客家名：神仙菜、昭和草）

總苞圓筒形，基部膨大。

春至秋季開紅紫色花，開花時頭狀花序朝上，授粉後再度朝下。

約20公分

一年生草本植物，台灣全島的平野至低海拔山野或路旁都可見到。（昭和草）

▲飛機草

棲所：分布於全台山區、平原、屋邊、河邊、田野、路旁、荒廢地

飛機草 *Erechtites valerianifolia* Less. ｜昭和草 *Crassocephalum crepidioides* (Benth.) S. Moore

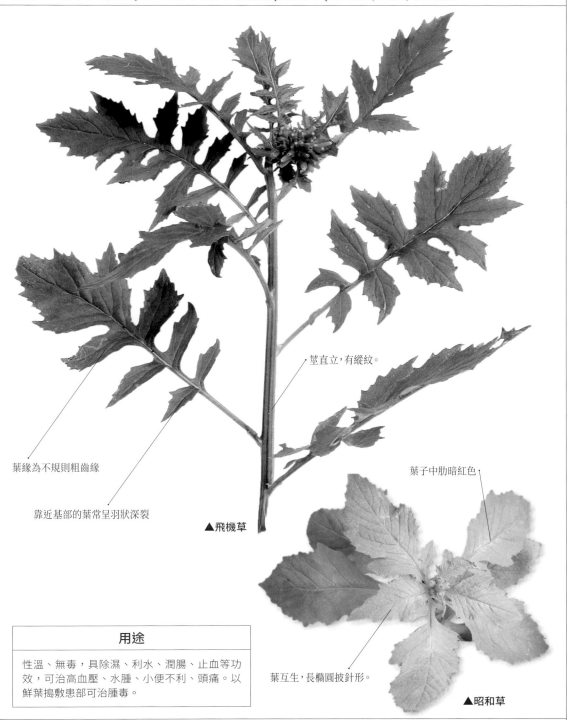

莖直立，有縱紋。

葉緣為不規則粗齒緣

靠近基部的葉常呈羽狀深裂

▲飛機草

葉子中肋暗紅色

葉互生，長橢圓披針形。

▲昭和草

用途

性溫、無毒，具除濕、利水、潤腸、止血等功效，可治高血壓、水腫、小便不利、頭痛。以鮮葉搗敷患部可治腫毒。

利用部分：全草

| 菊科 | 紫背草屬 |

紫背草

　　一年生草本植物，是台灣常見的野花，從海邊到1000多公尺的原野、路旁、田圃及荒地經常可見，也供園藝栽培為觀賞植物。株高約30～60公分，由根部分枝很多，全莖有白毛，但為數不多且毛短。葉互生，莖下部葉心形，全緣或羽裂，葉緣紫紅色；上部葉披針形。春夏開紅色或粉紅色花，為頭狀花序，總苞柱形，形似高腳玻璃杯，花冠紫紅色；花未開時，花蕾外包葉有白色茸毛密生。花後結長橢圓形瘦果。

特徵　往往20～30枝叢生為一大簇，莖靠近根部多呈紫紅色，但有些則僅有葉基著莖處的部分呈紫紅色，其他為深綠色。在台灣北部生長者，葉背多為紫紅色，因此得名「紫背草」；生長在南部者多為綠色，葉面和葉背均有稀疏的綿絲狀白毛，無葉柄。

食用　煮青草茶的上上之選，可搭配大花咸豐草（見148～149頁）、野甘草（見158頁）、長梗菊（見94頁）和一枝香（見154頁）同煮，煮出來的青草茶香濃好喝。白色乳汁味道極苦，採嫩莖葉當野菜食用時，要先汆燙去除苦味。

別名　一點紅、葉下紅、紅背草、牛石菜、紅背葉、紅節草、羊蹄草、紅背仔。（客家名：葉下紅、一點紅、羊蹄草）

葉背為紫紅色

約30公分

台灣到處可見的青草茶植物，也可當野菜食用。

棲所：校園、山區、田野、路邊、圳溝旁

Emilia sonchifolia (L.) DC.

總苞柱形，似高腳玻璃杯。

開紅色或粉紅色花，為頭狀花序。

下部葉心形，全緣或羽裂。

葉緣紫紅色

瘦果具有白色冠毛，種子成熟時會變成球形放射狀。

用途

性溫、無毒，有清熱利濕、消炎解毒、化瘀消腫等功效。可治頭痛、眼疾、腹痛、腸炎、盲腸炎、肺熱、肺炎、胎毒、小便黃濁、支氣管炎、乳腺炎、濕疹、淋病、睪丸炎、皮膚炎、發燒感冒。外用時以鮮草搗敷，可治耳疔、癰疔、跌打損傷、瘡瘍腫癤。不過，腫處潰爛者勿敷。

利用部分：全草

| 菊科 | 斑鳩菊屬 | *Vernonia cinerea* (L.) Less. |

一枝香

　　一年生草本植物，像雜草一般地到處滋生，分佈甚廣，在台灣幾乎隨處可見。株高一般在30～50公分之間，但有時可高達1公尺，莖直立，多分枝，全株被毛。葉互生，中下部葉具柄，越往上葉柄越短，上部葉柄極短，乃至無柄，葉片卵形或近菱形，邊緣有鈍鋸齒，有4～5對側脈，葉背葉面密生細毛。除了冬天外，幾乎整年都在開花，頭狀花序多數，長7～8公釐，呈圓錐狀排列於莖頂，頭狀花序紫色，由19～28個管狀花組成，無舌狀花。瘦果圓柱狀，長約2公釐，冠毛白色，長4～5公釐。

特徵　頭狀花序雖小，但數量很多，甚是壯觀，花開時一眼只看到花海，難見其莖葉。紫色花朵剛放後不久，眾多果實上的白色冠毛再次開展，有如迷你的蒲公英。

食用　與長梗菊（見94頁）、野甘草（見158頁）、大花咸豐草（見148～149頁）煮成百草茶是絕配，加入黑糖，冷卻後飲用，是炎炎夏日的消暑聖品。

別名　傷寒草、白花仔草、夜香牛、香山虎、斑鳩菊、紫野菊、疝草、四時春、夜仔草、假鹹蝦、星拭草。（客家名：白花仔、一枝香）

花苞初裂時為紫紅色，開放後又轉為白色。

葉對生，卵形或廣卵形。

莖直立，柔弱。

約25公分

多年生草本植物，全株被白毛，生於全省低海拔路旁或郊區。

用途

性平、無毒，有行血、利尿、解熱、止咳、止痛、祛風等功效，可治腹痛、胃痛、腸炎、盲腸炎、子宮炎、經痛、腰骨痛、跌打、閃腰、咳嗽、咳血。
外用：鮮草搗敷可治毒蛇咬傷、疔瘡。

棲所：自生於山區、平野、路邊、田野、荒廢地等，不論乾旱陰濕到處生長　｜　利用部分：全草

菊科	金盞花屬	*Calendula officinalis* L.

金盞花

　　一、二年生草本植物，花葉俱美，盆栽、庭栽兩相宜，兼具觀賞、藥用、切花、食用等多種用途，是較耐寒的植物。株高約30〜60公分，全株被柔毛。葉長橢圓形，互生，葉緣平滑或有微小銳齒。冬季開花，花期長達4〜5個月，花著生於枝葉頂端，花梗長數十公分，為頭狀花，中央部分為筒狀花，周圍部分為舌狀花，有單瓣也有重瓣者，花色有黃、橙黃、橙紅色等。秋後結子。

特徵　花為頭狀花序，花莖直立，長數十公分，因為花色燦黃且花形如盞（古時候的盛酒器或油燈），所以得名。

食用　葉子味酸，先過水汆燙後可用油鹽拌食；花也可油炸食用，是食用花類之一。

別名　杏葉、常春花、金盞草、金盞菊、醒酒花、黃金盞、長生菊、萬壽菊。（客家名：金盞花）

花色有金黃、橙黃或中心赤褐色等雜交品種，色彩鮮明，花期從冬季至春季。

植株低矮，花朵密集，適用於盆栽觀賞。

約30公分

用途

消炎、止血良藥，有利尿、通經等功效，可治皮膚病、燒傷、凍瘡、婦人病、緩解經痛。外用：葉搗爛取汁搽臉，有護膚除斑的效果。

棲所：種植於花園、學校、公園、植物園、一般住家	利用部分：全草

菊科	孔雀草屬

萬壽菊

　　一年生直立草本植物，因花期極長，歷久不凋而得名；也可能因為花名關係，喪禮用的花圈、花車幾乎都會用到這種花卉，也常見栽種在校園及庭園中。株高約60公分，有單瓣、重瓣花品種。葉羽狀複葉，對生，羽狀深裂，裂片長圓形或長橢圓形，邊緣有鋸齒，有些裂片齒端有軟芒，主支脈清晰。整年開花，花自葉腋抽出長花梗，直徑5～10公分，花序柄粗壯，向上漸膨大，總苞片一層，合生成管狀，有鮮黃和赤黃兩種，外圍雌花多數，舌狀，中央兩性花管狀。花後結圓柱形瘦果，有稜，冠毛4～5枚，芒狀。

特徵　花葉揉搓後，會出現一股令人作嘔的臭味。頂端的頭狀花序有舌狀花瓣，層層密生，宛如絨紙摺的黃紙花一般。

別名　臭花仔、臭菊、花面菊、臭芙蓉、金菊、柏花、里苦艾、蜂窩菊、金花菊、金雞菊。（客家名：臭菊仔、萬壽菊）

舌狀花密生成花球狀

花色有鮮黃、金黃、橙黃等顏色

約60公分

一年生草本植物，莖粗壯直立，品種多，有高性、矮性之分。

棲所：種植於公園、學校、遊樂場及一般住家

Tagetes erecta L.

自葉腋抽出長花梗

羽狀複葉，小葉披針狀，
鋸齒緣。

花葉揉之有腐敗臭味

用途

性涼、無毒，是補血通經、去瘀的婦科良藥，有平肝清熱、祛風、化痰等功效，可治頭暈目眩、小兒驚風、感冒咳嗽、百日咳、呼吸道感染、牙痛、腮腺炎、乳腺炎、貧血、月經不調、風濕性筋骨痛、癰瘡腫毒、眼痛、氣管炎、口腔炎。

利用部分：花

| 車前科 | 野甘草屬 | *Scoparia dulcis* L. |

野甘草

　　一年生草本，成熟果掉落後，遇雨即生長，生長力強，只要是濕潤地，往往長成一大群落。株高約20～80公分，全株無毛，根莖木質化且直立，分枝多，主枝多為褐綠色。葉對生或輪生，卵狀披針形或橢圓形，鋸齒緣，長約1.5公分。春、夏間開小白花，花形小，尚不及火柴頭，有4片花瓣，腋生或頂生。夏、秋間結果，為球形蒴果，未成熟時綠色，成熟時為淺咖啡色，有1公分長柄，每一葉腋可抽出2～4個小核果。

特徵　最大的辨別特點是果實和莖葉的甜味。球形蒴果布滿莖幹上，比葉子還多；莖葉嘗起來有股淡淡的甜味。

食用　莖葉有天然甜味，是極佳的青草茶配料，可加入長梗菊（見94頁）、箭葉鳳尾蕨（見133頁）、大花咸豐草（見148～149頁）、一枝香（見154頁）同煮，是夏日的消暑聖品；與長梗菊合煮，味美可口，甚受歡迎。

別名　甜珠仔草、甜珠草、珠仔草、金荔枝、鈺吊金美、土甘草、冰糖草。（客家名：滿天星）

葉對生或3枚輪生，卵狀披針形或橢圓形。

球形朔果，未成熟時綠色，成熟時為淺咖啡色。

約20公分

一年生草本植物，全株光滑，分枝很多。

用途
性溫、無毒，具解熱、清肝、退火作用，可治淋病、肝肺炎、月經不調、高血壓、痢疾、丹毒、小兒外感發熱、喉炎、感冒發熱、腳氣水腫。外用治跌打損傷、濕疹及熱痱。

棲所：山區、路邊、田野、荒廢地、圳溝邊、河濱、屋舍　　利用部分：全草

喬木及灌木　多年生草本　一年至二年生草本　其他

爵床科	穿心蓮屬	*Andrographis paniculata* (Burm.f.) Wall.

喬木及灌木

多年生草本

一年至二年生草本

其他

穿心蓮

　　一年生直立草本植物，株高約50～100公分，莖多分枝，有四稜，節處多膨大。葉紙質，對生，上部葉為橢圓形或狹披針形，下部葉為長卵形，葉長3～10公分。夏天開白色帶紫色的花，頂生或腋生，為圓錐花序。花後結長橢圓形蒴果，稍扁，長約1.8公分，中有一溝，內有種子12枚，四方形，有皺紋。

特徵　最大特徵是葉和花，葉紙質，對生，上部葉為橢圓形或狹披針形，下部葉為長卵形；花白色帶紫色。有時生長在較貧瘠乾燥之處，莖葉會變瘦變小以適應環境，增加存活的機會。

食用　目前台灣已有較大規模的經濟栽培，用以製成茶包，供泡茶當飲料使用。

別名　欖核蓮、苦心蓮、四方蓮、苦草、印度草、一見喜、苦膽草、圓錐鬚草藥。（客家名：穿心蓮）

未開花時，枝葉繁茂。

開花時，葉子細瘦。

花苞：夏天開花，頂生或腋生。

蒴果長橢圓形

葉對生，上表面綠色，下表面灰綠色。

一年生直立草本植物，全株味極苦，莖多分枝，有四稜。

約60公分

用途

性寒、無毒，有消炎清熱、止痛止癢、解蛇毒等功效，可治胃腸炎、菌痢、咽喉炎、扁桃腺炎、腮腺炎、肺炎、感冒、流行腦炎。鮮草搗爛調酒敷患處，可治瘡癤及毒蛇咬傷。在中國大陸則有穿心蓮的成藥製品，如穿心蓮膏、穿心蓮片、穿心蓮針劑、穿心蓮抗炎片等。

棲所：多為栽培性質，台灣南部一般人家都有零星種植	利用部分：全草

蕁麻科	冷水麻屬

小葉冷水麻

　　一年生草本，美化盆景土表的絕佳植物，生機蓬勃，但所占養分卻不多。株高約10公分以下，莖多分枝，直立、橫臥或斜生，全株無毛，柔軟多汁。葉分成大小兩型，大者卵狀或匙形，長約0.5～0.6公分，葉柄較葉身短，全緣；小者簇生於節部，長度不及大者一半。花朵小，成簇集生於葉腋，花黃綠色或帶有紅暈，雌雄同株或異株，雌蕊4枚，花被4片。花後結瘦果卵圓形或長橢圓形。分布於低至中海拔的潮濕角落，叢生於牆角、屋簷、溝邊。

特徵　葉小，花小且成簇集生於葉腋。不管是葉、花，乍看之下，就如同密密麻麻的芝麻般，摸起來感覺軟綿綿的。

別名　小葉冷水花、小水麻、小水晶、透明草。（客家名：冷水花）

約15公分

一年生草本植物，莖直立或斜上，成群生長。

棲所：陰濕處，常見於古老的牆角、石壁、瓦盆上、花盆泥土上和水溝邊

Pilea microphylla (L.) Liebm.

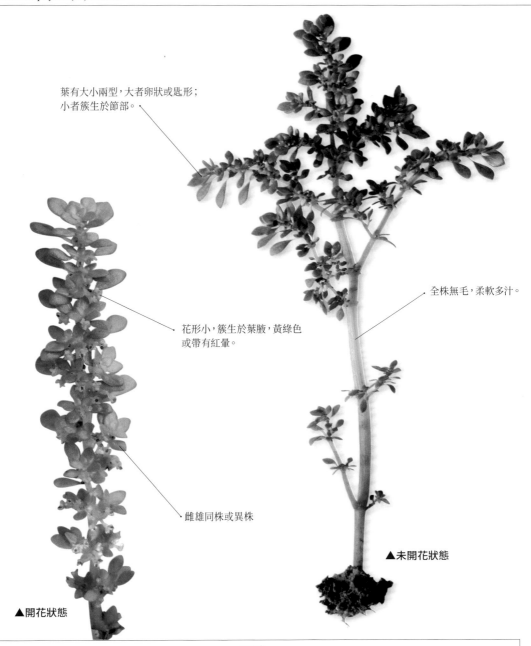

葉有大小兩型，大者卵狀或匙形；
小者簇生於節部。

全株無毛，柔軟多汁。

花形小，簇生於葉腋，黃綠色
或帶有紅暈。

雌雄同株或異株

▲未開花狀態

▲開花狀態

用途
性寒、無毒，中藥上具清熱、解毒、袪火、降壓功效，可治中暑、高血壓、發燒、腎火腎炎、肝火、尿黃赤、咽喉炎、扁桃腺炎、牙痛、熱痢、淋濁、痔瘡。

利用部分：全草

| 大戟科 | 地錦草屬 | *Chamaesyce hirta* (L.) Millsp. |

大飛揚草

一年生草本植物，台灣最普遍且隨遇而安的野生植物，從平地到山區無處不在。理想的野外求生食物之一，嫩莖葉一次炒食。莖高10～60公分，全草淡紅色或紫色，有毛，折之有白色乳汁液。葉對生，鋸齒緣，長橢圓狀披針形，長2～4.5公分，寬0.5～1公分，基部歪楔形乃至圓形，主脈3～4條，表面疏生短毛，葉背帶黃色，有毛，具短柄。夏秋之間，腋生黃褐色小花，為聚繖花序。花後結卵形蒴果，熟時紫紅色，具三稜，表面有橫皺。

特徵 外形像站立的百足蟲，莖葉折之均有白色乳汁液，這點與千根草（見右頁）類似，然千根草為匍地生長，而飛揚草則似一般花草立地而生。花成頭狀，被黃褐色毛，著生於葉腋。

食用 全草煮青草茶，是夏天很好的消暑解熱飲品。

別名 大飛羊、天沒草、大乳汁草、好子草、大地錦草、大呢草、大本乳仔草、紅骨大本乳仔草。（客家名：飛揚草、大豬母乳）

一年生草本植物，全草具有豐沛乳汁。

約
30
公
分

葉形就像是一對飛翔的翅膀

莖斜上或直立，帶淡紅色或紫紅色。

夏秋之間開黃褐色花，花密而小。

用途

性涼、有小毒，具清熱、解毒、利濕、止癢等功效，可治痢疾、牙痛、哮喘、帶狀疱疹、濕疹。

| 棲所：向陽的路邊、荒野、圳溝邊、河畔 | 利用部分：全草 |

大戟科	地錦草屬	*Chamaesyce thymifolia* (L.) Millsp.

千根草

　　一年生匍匐性小草本，和一般本土化植物一樣，適應性極強，連水泥地、柏油路面都可以茂密生長。莖長達10～20公分，由根部開始平臥伸延地表，密被白色毛，莖葉斷裂均有白色乳汁，莖紅色或黃白色，分枝多，僅主根一枝深入土中，沒有鬚根，根為黃、白色。葉對生，形小，卵狀橢圓形，大小如火柴頭，秋天時轉成紅色。夏天開紫紅色花，花單性，頂生或腋生，聚繖花序，花細小如針頭般大，不易觀察。果小，圓球形，為綠色，成熟時為褐色，具毛，種子光滑。

特徵　辨認極為容易，全株具白色乳汁，莖細，鋪地而生，莖紅紫色或黃白色，分枝多。僅主根一枝深入土中，沒有鬚根，是本種最大特徵。

別名　地錦草、錦草、花手絹、地草血竭、血見愁、血風草、雀兒臥單、醬瓣草、猢猻頭草、小飛揚、紅萹蓄、紅乳草、紅乳仔草、鋪地紅、鋪地錦、奶汁草、奶疳草。（客家名：豬母乳）

葉對生，橢圓形，大小如火柴頭。

開紫紅色花，花細小如針頭般大。

株長約20公分

一年生匍匐性小草本，全株有白色乳汁，植株常帶暗紅色。

莖纖細，紅紫色或黃白色。

用途

性平、無毒，有清熱、止血、止瀉、散血、利小便等功效，是有名的止血藥，因此又稱「血見愁」。可治血痢不止、臟毒、大腸瀉血、血崩、小便血淋、惡瘡見血、金瘡出血不止、瘡傷刺骨、癰腫背瘡、風瘡疥癬、趾間雞眼、胃出血、脾癆黃疸等。

棲所：自生於屋角、荒廢地、路邊、石隙、裂縫	利用部分：全草

喬木及灌木

多年生草本

一年至二年生草本

其他

益母草

　　一年生或二年生草本植物，株高40～150公分，披短柔毛，有紅花、白花兩種。生於最下部的葉卵形，葉緣淺裂，柄很長；生於最上部的葉狹線形，全緣，幾乎無柄，葉兩面均有短柔毛；其他的葉近於披針形，為羽狀或掌狀深裂，裂片3至多數。夏天開紫紅、淡紅和白色小花，兩唇近相等，無柄或近無柄，多數密集輪生於葉腋內，花萼鐘形。花後結三角形堅果，成熟時為褐色或棕色。

特徵　最大的特徵是莖方形，有稜；葉交互對生，分為上、中、下三部分，形狀隨部位不同而異。花的苞片上有針刺狀，摘花時極易被刺傷。

食用　有名的婦科良藥，月事時可用花煎蛋調理。嫩莖葉也可汆燙去除苦澀味後炒食。

別名　益母、火杴、野天麻、豬麻、紅花艾、貞蔚、益母艾、茺蔚、坤草、土質汗、益母蒿、夏枯草、鬱臭草、益明、苦低草、白花益母、紅花益母。（客家名：益母草）

一年生或二年生草本植物，全株被細毛，有白花與紅花兩種。

唇形花冠淡粉紅色

約40公分

中部葉掌狀3深裂

▲紅花益母草

棲所：自生於平野、路邊、圳溝邊、牆角；也有種植

Leonurus japonicus Houttuyn

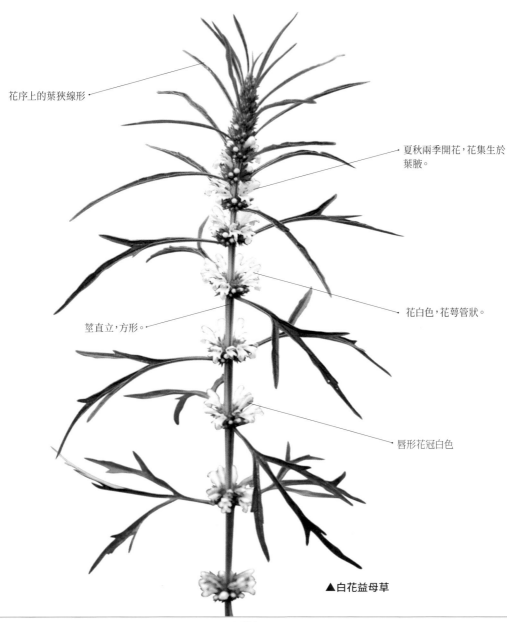

花序上的葉狹線形

夏秋兩季開花，花集生於葉腋。

花白色，花萼管狀。

莖直立，方形。

唇形花冠白色

▲白花益母草

用途

性微苦、無毒，有涼肝、明目、益精、祛瘀生新、活血調經等功效，可治產後流血不止、月經過多、小腹脹痛、月經不調、肝熱目赤腫痛、生翳膜、高血壓、腎炎水腫、女人難產、小便尿血、胎死腹中、帶下赤白、產後血閉不下、痔疾下血、癥瘡、急慢疔瘡、喉閉腫痛。外用鮮草搗敷，可治粉刺、黑斑、馬咬成瘡。

利用部分：全草

唇形科	仙草屬

仙人草

一年生草本植物，全臺農村偶有零星種植，中南部一帶則有較大規模的契約栽培，也自生於中海拔的山野。目前我們在市面上最熟悉也最常碰到的燒仙草、仙草蜜，就是用仙人草製造出來的，只是沒有或極少看到它的廬山真面目。

其株高20到60公分，莖方形帶紅褐色，有人會把它跟塔花和薄荷搞混，其實塔花的花是如塔一般一層一層層層相疊，仙人草的花是頂生或腋生成長穗狀；而薄荷的葉子跟仙人草雖然類似，但仙人草的植株是叢立為多，薄荷則匍匐蔓延；如果再分不出來，就摘片葉子，放入嘴巴，有辛涼麻感的就是薄荷一定沒錯。

特徵 葉卵形或橢圓形，有鋸齒緣，上面光滑或僅在中肋上有少許毛，下表則散生毛茸；整株被有分節的毛，莖方形帶紅褐色。

食用 是夏天極佳的退火清涼飲料，其莖葉摘下洗淨後煎汁，加點粉漿及梘油，冷卻後就成棕色塊狀物稱仙草凍，客家人稱它叫「仙人粄」切碎嫁入冰水、糖，即成味美可口的飲料，目前全台灣的客家莊甚至於其他不是客家莊的地區，最暢銷的青草茶飲料非它莫屬。

別名 仙草、仙草凍、仙草舅、涼粉草。(客家名：仙人草、仙草)

約50公分

夏季到秋季會開出淡紫色花朵

棲所：野外濕地偶見，全台低海拔地區部分種植。

Mesona chinensis Benth.

仙草葉對生，葉緣鋸齒狀。

用途
味甘、性寒，煮成茶飲，清涼解渴、降火氣，消除疲勞，老少咸宜。

農人正在收割仙草

利用部分：全草

唇形科	紫蘇屬

紫蘇

　　一年生草本植物，我最早是從一種叫「福神漬」的罐頭醬菜中知道它的名字，後來又發現北部的客家人很喜歡用來炒田螺，如今這一道菜已經成了美食。株高約30～100公分，有紅莖或白莖兩種，鈍四稜形，具槽，密被長柔毛。葉對生，紅紫色或青綠色，膜質，圓卵形，先端長尖，基部楔形，鈍鋸齒緣，長7～13公分，寬4.5～10公分，有葉柄。夏秋季開白色或紫紅色花，腋生或頂生，為總狀花序，花冠管狀，唇裂。花後結球形小堅果，灰褐色，種子卵形。

特徵　花苞片寬卵圓形，深紫色，比花還醒目。此外，莖、葉、花都是紅紫色或青綠色，莖為四稜形。因為豐富色彩，也是色素的取材植物之一。

食用　嫩莖葉可供蔬菜食用，或烹調各種海鮮肉類。濃郁的特殊香味可去腥及解魚蟹毒，因此常佐魚蟹食用，或做為生魚片配料。

別名　荏、紅紫蘇、蘇葉、紅蘇、皺紫蘇。（客家名：相思）

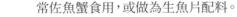

花白色或紫紅色，腋生或頂生，為總狀花序。

葉型大，葉柄有香味。

約60公分

一年生草本植物，有紅莖和白莖兩種，花期七月至九月。

棲所：種植於田中、菜圃、屋邊空地及庭院

喬木及灌木　多年生草本　一年至二年生草本　其他

Perilla frutescens (L.) Britton

先端長尖或急尖，基部圓形或寬楔形。

葉面呈紫紅色或青綠色

葉緣鈍鋸齒

莖為四稜形

用途

性溫、無毒，從葉子、莖到種子都有藥效，有發汗退熱、健胃整腸、增進食欲、止痛安胎、殺菌防腐等功效，可治感冒、風寒、咳嗽、氣滯噁心、嘔吐、妊娠嘔吐及解魚蟹毒。

利用部分：全草

胡麻科	胡麻屬

胡麻

　　一年生草本植物，株高有高矮之別，一般栽培品種的株高為100～200公分，莖可分為光滑、疏毛及密毛三種。葉對生或互生，為披針形或長橢圓形，全緣或具波狀鋸齒緣。春夏間開白花、黃花、淺紫色花或粉紅色花，著生於葉腋上而有小托葉，3朵簇生，左右2朵為不孕花，中央1朵為孕性，花萼5片，有密毛，花冠筒狀。花後結扁平蒴果，形狀有四稜、六稜及八稜三種，有縱溝，內藏約80粒黑、黃、白等顏色的種子。胡麻除藥用、食用外，莖皮還可供提製人造纖維，或供搓繩及織麻袋用。

特徵　最大的特徵是莖方形、有稜，表面有縱溝，內具白色柔軟的髓部。

食用　種子為重要食物，是糖果及點心的重要原料，也是常見的保健食品。胡麻為主要油料之一，加工壓榨的胡麻油芳香四溢，又稱「香油」。胡麻花蜜質量俱佳，是很好的滋補品。此外，胡麻還可當菜蔬食用，花陰乾後漬汁可佐麵食；榨油後的麻滓也可食用；嫩葉苗則可炒食。

別名　芝麻、油麻、方莖、狗蝨、脂麻、巨勝、烏麻、交麻、葉名青蘘、莖名麻稭。（客家名：麻仔）

胡麻子可直接炒食或供榨油，用途很多。

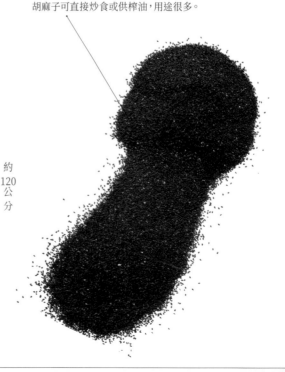

約120公分

一年生草本，屬於雙子葉植物，花後結扁平蒴果。

棲所：藥用植物園、農業改良場、觀光休閒農場及一般人家

Sesamum indicum L.

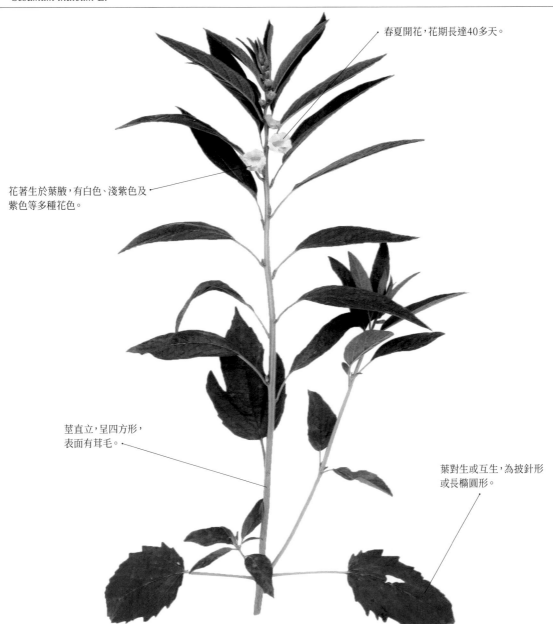

春夏開花，花期長達40多天。

花著生於葉腋，有白色、淺紫色及紫色等多種花色。

莖直立，呈四方形，表面有茸毛。

葉對生或互生，為披針形或長橢圓形。

用途

性平、無毒，有潤五臟、強筋骨、益氣力、長肌肉、填髓腦、明耳目、補肺氣、止心驚、利大小腸等功效。含有豐富的抗氧化物質，可延緩老化；可治惡瘡婦人陰瘡、白髮返黑、手腳痠痛微腫、中暑、嘔吐不止、牙齒疼痛、小兒下痢、頭面諸瘡、婦人乳少、湯火傷灼、蜘蛛及諸蟲咬瘡、小便尿血、傷寒發黃等。

利用部分：莖、葉、種子

茜草科	耳草屬	*Oldenlandia corymbosa* L.

繖花龍吐珠

　　一年生草本植物，植物名稱為龍吐珠，但在本省草藥鋪經常以白花蛇舌草的藥材名稱出售，是台灣非常重要的民間草藥，也是目前使用最普遍的治癌用藥。株高不及10公分，全株深綠無毛，唯莖節處微紅，莖斜生直立，節很明顯，逢節處內彎，莖圓形且分枝多。葉全緣細小，為廣線形或披針形，紙質，對生，葉脈清晰，中筋明顯。夏秋間開白色小花，頂生或腋生，花梗有1.5公分，花萼銳尖，斜生，向外反捲，花冠4片，雌蕊4。花後結球形小蒴果，未成熟前為綠色，熟後為淺褐色，一個果柄上往往有3～4顆蒴果。

特徵　全株深綠無毛，唯莖節處微紅。外形與水線草（*Hedyotis Corymbosa* (L.) Lamk.）和繖花耳草（*Hedyotis tenelliflora* Bl.）類似，但水線草總花梗絲狀，繖花耳草則無花梗。

食用　味道香甜，是製百草茶的上上之選，可以搭配野甘草（見158頁）、長梗菊（見94頁）、大花咸豐草（見148～149頁）、一枝香（見154頁）或單味使用；與半枝蓮合用，是最出名的抗癌草藥。

別名　龍吐珠、蛇舌草、定經草、珠仔草、蛇針草、小葉鍋巴草。（客家名：龍吐珠、珠仔草）

葉線狀披針形

莖節處微紅，節很明顯。

蒴果球形，很小，果期七月至十月。

株長約30公分

一年生草本，分枝多而散，斜上或匍匐。

用途
性寒、無毒，有發汗、清涼、解毒等功效，可治闌尾炎、瘡瘍、癰疽、防癌治癌、跌打損傷、感冒、傷風、泌尿系統感染、膽結石、骨盆腔炎、肝炎、支氣管炎、咽喉炎、乳腺炎、毒蛇咬傷。

棲所：自生於潮濕的水邊、田野、路邊、圍牆裂縫	利用部分：全草

| 葉下珠科 | 葉下珠屬 | *Phyllanthus amarus* Schumach. & Thonn. |

葉下珠

　　一年生草本植物，是平地常見的雜草。莖直立，高約10～40公分，全株光滑無毛，根鬚細小而多。葉小，互生，長橢圓形，極似羽狀複葉，具短柄或近於無柄，葉全緣，托葉小且呈三角形。夏秋間開紅褐色小花，雄花有花被片5枚，雄蕊3枚，雌花有花被片5枚，裂片為三角形。花後結球形蒴果，無柄，直接整齊排列於葉背，未熟時黃綠色，熟時紅褐色，表面凹凸不平，會裂開成3片。

特徵　葉下珠最明顯的特徵，即顧名思義的「葉下有珠」，只要翻過葉子背面，一顆顆如珍珠般的種子就整齊排列在葉背上。此外，葉受觸容易閉合也是一大特徵，但不如含羞草來得敏感。

食用　幼苗或嫩莖葉先以沸水燙過後再炒食或煮食，或用鹽醃漬成小菜；也可用於生機飲食，味道雖苦，卻是苦口良藥。

別名　珠仔草、飛揚草、珍珠草、米仔草、層珠仔草、紅骨欅、紅骨叢球仔草、小返魂。（客家名：葉下珠）

葉小，在小枝上排成左右兩排，看起來如羽狀複葉。

約25公分

果實小圓球狀，生長在葉背。

一年生草本植物，全株光滑無毛，有紅莖、白莖之分。

用途
性平、無毒，有行血、利尿、解熱、止咳、止痛、祛風等功效，可治一切眼疾、瀉痢、赤痢、小兒發育不良、傳染性肝炎、小兒疳積、白痢、無名腫毒。

| 棲所：自生於山區、平野、校園、路邊、圳溝邊、牆角 | 利用部分：全草 |

| 石竹科 | 菁芳草屬 | *Drymaria diaudra* Blume |

菁芳草

　　一年生草本植物，在較潮濕的地方蔓生成一大片，幾乎與菜園中的豌豆（荷蘭豆）長得一模一樣，因此別名也叫荷蘭豆。莖幹匍匐，長可達90公分，全株無毛，近基部分枝，枝柔弱。葉對生，具短柄，膜質，卵形或近圓形，長不及2公分，頂端闊短尖，基部闊楔形或截平，有主脈3～5條，乾時兩面粉綠色；托葉膜質，細裂成剛毛狀。全年開花，花細小，綠色，集成腋生或頂生的聚繖花序，萼片狹長圓形，長3～5公分，花瓣5片，每片2裂至中部以下，裂片狹，萼較短。花後結卵形小蒴果，開裂成2～3個果瓣。

特徵　葉圓腎形或圓形，相當可愛，與豌豆葉子很像，所以俗稱為「假豌豆」，不過植株較矮小，只會匍匐地面，喜生長在陰濕之處。

食用　野外求生植物之一，莖葉可炒食。

別名　水荷蘭、勝靠草、假麥豆、水冰草、荷蘭豆、假豌豆、荷蓮豆草、河乳豆草、對葉蓮、牛石菜。（客家名：假荷蓮豆、假荷蘭豆）

一年生草本植物，莖分枝甚多，橫臥或斜上，呈散開狀。

葉對生，具短柄，卵形或近圓形。

莖柔弱

開綠色小花，花梗上有黏性腺毛，花粉及果實可藉人畜傳播。

株長約70公分

用途

性涼、無毒，有清熱解毒、化氣止痛功效，可治頭痛、發燒、消化不良、黃疸、急性肝炎、瘧疾、慢性腎炎、目赤腫痛、胃痛。外用可治蛇咬、瘡癤、骨折。

棲所：自生於田野、山區、荒廢地等較陰涼潮濕之處　　利用部分：全草

喬木及灌木　多年生草本　一年至二年生草本　其他

蓼科	春蓼屬	*Persicaria lapathifolia* (L.) Gray

早苗蓼

　　一年生草本植物，喜歡土沃潮濕的地方，可當水生植物來栽培，花開之際，婀娜多姿的倩影不會輸給刻意栽培的花卉。株高達1.5公尺，全株被長而多的軟毛，莖為紫紅色，有龐大的節，上部分枝較多，莖葉厚硬，都有辛辣味。葉互生，葉柄短，為紅褐色，有膜質鞘狀的托葉，呈圓筒形包住莖部，頂端有細綠毛，葉片為披針形或橢圓狀的披針形，全緣，密生茸毛。春夏間開花，穗狀花長15公分，頂生或腋生，有長柄，花小，為鮮紅色或淡紅色，花穗又長又重，往往呈倒垂吊狀。果為瘦果，呈三角狀或兩面突起，包在花被內。

特徵　在南台灣，荭草是收割後的田野中最常見的雜草，長達15公分的穗狀花十分搶眼。

食用　野外求生植物，嫩莖葉可生食或炒食。

別名　荭草、蘢古、遊龍、大蓼、天蓼、八字蓼、水紅花子、東方蓼、狗尾巴花、狼尾巴花。（客家名：荭草、紅蓼仔〈ㄨㄟ˙〉）

一年生草本，全株毛長且多，莖為紫紅色，有龐大的節。

約120公分

花為鮮紅色或淡紅色，穗狀花長達15公分。

葉卵形至卵狀披針形，葉柄紅色。

用途

果實微寒、無毒，有消渴去熱、明目益氣的功效。花可散血、消積、止痛；生葉消腫解毒。外用鮮草搗敷，可治毒蟲螫傷。

棲所：自生於田野、圳溝邊、路邊、收割後的農田　　利用部分：實、花、葉

葫蘆科	苦瓜屬

野苦瓜

　　一年生或多年生攀緣草本植物,分枝繁茂,株蔓延約1～2公尺,全株被柔毛,莖分生且細長柔弱,捲鬚不分叉。葉互生,具長柄,疏鋸齒緣,有5～7深裂,為倒卵形葉,兩面微被毛。春夏間開黃色花,腋生,雌雄同株,花單生,具長梗,雄花鐘形,5裂,花冠黃色,雄蕊3枚;雌花子房下位,似紡錘形,花柱細長,柱頭3枚,胚珠多數。果紡錘形,有瘤狀突起,未成熟果皮為綠色,成熟為橙黃色,內有4～6顆紅色種皮的種子,成熟後會蹦彈出去,以利繁殖。

特徵　野苦瓜的果實和莖葉與一般苦瓜大同小異,就像縮小版的苦瓜。果實成熟後即呈橙黃色或橘紅色,掛在莖蔓上,隨時會像炸彈開花一樣爆裂,種子會蹦彈出去。

食用　味美可口的野菜,煎炒煮湯俱佳,是不可多得的野外求生食物;與豬肉加調味料(蔥、酒、醬油等)拌炒,不失為一道美食。

別名　山苦瓜、小苦瓜、土苦瓜、苦瓜仔、短果苦瓜、假苦瓜。(客家名:野苦瓜、山苦瓜)

株長約70公分

一年生或多年生攀緣草本,有捲鬚和茸毛,植株比一般苦瓜矮小。

棲所:自生於山區、平地、溝邊、河畔、石礫地、路邊、草叢

Momordica charantia L. var. *abbreviata* Ser.

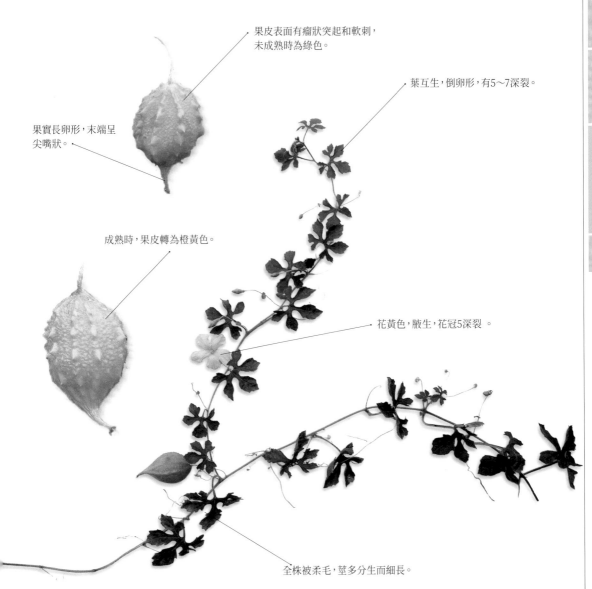

果皮表面有瘤狀突起和軟刺，
未成熟時為綠色。

葉互生，倒卵形，有5～7深裂。

果實長卵形，末端呈
尖嘴狀。

成熟時，果皮轉為橙黃色。

花黃色，腋生，花冠5深裂。

全株被柔毛，莖多分生而細長。

用途

味苦性寒、無毒，有清熱解毒、健胃、利尿、消滯、抗癌、降血醣、降血脂、抗氧化、抗菌等功效，可治高血壓、攝護腺腫大、糖尿病、性無能、長期失眠、便祕、中暑、胃脹氣、氣虛腳腫、風濕骨痛、咽喉腫痛、多夢、口乾、舌燥、口苦、感冒、風邪、下痢。

利用部分：枝、葉、果實

喬木及灌木　多年生草本　一年至二年生草本　其他

馬齒莧科	馬齒莧屬

松葉牡丹

　　一、二年生宿根性草本植物，是極佳的庭栽覆地花卉，花色多，可以把難看的地面妝扮得五彩繽紛，尤其是小葉小花的台灣原生種適應力極強，觸地即長。耐高溫又耐乾旱，開花期甚長，早晨開花，下午閉合，因此有半日花或太陽花之稱。株高10～15公分，分枝多，莖匍匐橫臥或斜上生長。葉互生，圓柱狀線形，肥厚多肉，富含水分，先端略尖，基部有白色長毛，簇生葉片形狀似松葉，因此而得名。全年開花，頂生，花有單瓣及重瓣不同品種，單瓣者廣卵形，花瓣5枚；花色繁多，有紅、橙、黃、白、紫多種，雄蕊多數，花柱線形，5～9裂。花後結黑色蒴果，內藏許多富有光澤的鉛色小種子。培育改良後，現在也有全日開花的品種。

特徵　與馬齒莧（見180頁）有相同的外形和生長習性，不過松葉牡丹花色多，花朵大且豔麗醒目；馬齒莧的葉片較大，花卻小得幾乎看不見。

食用　肉質莖葉肥厚可用於燙煮，是野外求生的好材料。但胃寒者慎用，孕婦忌用。

別名　乞兒碗、大花馬齒莧、打不食草、半枝蓮、午時花、洋馬齒莧、萬年草、太陽花、日照花、半日花、龍鬚牡丹、松葉玫瑰、金錢花。（客家名：太陽花）

早晨開花，下午閉合，因此有半日花之稱。

株長約20公分

一年生肉質草本植物，生命力強，既耐高溫又耐乾旱，花色瑰麗，在豔陽下盛開。

棲所：自生於河床、石礫地、荒廢地；也種植於學校、公園、一般住宅

Portulaca grandiflora Hook.

花形既像牡丹又像玫瑰，
但要小得多。

葉線形而肥厚，近圓柱形。

花形有重瓣或單瓣，
花色豐富。

莖赤色或綠色

用途

性寒、無毒，有清熱、解毒、散瘀、消腫、止痛、袪火等功
效，可治肺炎、肝炎、火盛牙痛、高血壓、糖尿病、癌症、便
祕、大腸火旺、咽喉腫痛。外用：鮮草搗敷，可治瘡腫、跌打
損傷、火傷、腫瘡、癰疽、濕瘡。

利用部分：全草

喬木及灌木 | 多年生草本 | 一年至二年生草本 | 其他

| 馬齒莧科 | 馬齒莧屬 | *Portulaca oleracea* L. |

馬齒莧

　　一至二年生肉質草本植物，莖葉肥厚，早期農家喜歡用來餵豬，豬泌乳量因而大增，因此俗稱「豬母乳」。株高約10公分或呈匍匐狀，莖肥嫩多汁，多分枝，直立或匍匐生長，莖圓，常帶紫紅色，全體光滑無毛。葉肉質，扁平橢圓狀或倒卵形似瓜子，全緣有柄，托葉膜質或不存在。春、夏間開黃色小花，無柄，3～5朵腋生或頂生一起，花萼2片，綠色，有5片花瓣，與萼等長，基部合生。花後結圓錐形蒴果，自腰部橫裂為帽蓋狀，內含許多細小的黑色種子。

特徵　有紅莖、白莖之分，但兩者都適用，長相與「松葉牡丹」（見178～179頁）很像，但是本種花形較小，花色也比較少。燙食後，本種帶點酸味，味道不如松葉牡丹。

食用　本種是歷史悠久的救荒野菜，據說王寶釧苦守寒窯18年時，就是以此為食。生食、炒食均可，目前已有人種植當一般菜餚食用，但其實不見得好吃。

別名　馬莧、五行草、長命草、九頭獅子草、五方菜、豬母草、瓜子菜、馬子菜、指甲菜、馬馬菜、豆瓣菜、長命菜、寶釧菜、安樂菜、酸米菜。（客家名：豬母乳）

莖肥嫩多汁，多分枝，常帶紫紅色。

葉肉質，扁平橢圓狀或倒卵形。

約 20 公分

一年至二年生肉質草本植物，莖及葉肉質肥厚。

用途
性寒、無毒，有散血、消腫、清熱、解毒、消炎、利尿、殺菌等功效，可治蜈蚣咬傷、蜂螫、赤白帶下、腋下狐臭、腎炎、濕疹、筋骨疼痛、腳氣浮腫、瘧疾、陰腫痛極、血痢、淋病、癰腫、惡瘡等。

棲所：自生於田園、河邊、路旁、圳溝邊、荒廢地　　　　利用部分：全草

| 爵床科 | 爵床屬 | *Justicia procumbens* L. |

爵床

　　一年生草本植物，除藥用外，其叢生及耐修剪的特性也是花園布置的理想植物，也可以充作水池假山造景的點綴植物，更是青擬蛺蝶的食草。株高約10～30公分，莖方形，多分枝，截面六角狀。葉全緣，對生，卵狀橢圓形，具短柄，兩面均有微毛或近於光滑。春夏間開淡紅紫色花、粉紅色或近白色花，頂生，花朵密集，穗狀花序像老鼠尾巴，若是紅紫色花則俗稱為「鼠尾紅」；花下有密生的苞片，花冠2唇形，雄蕊2枚。花後結長橢圓形蒴果，內有4顆扁平的灰褐色種子。

特徵　莖方形，多分枝，截面六角狀；頂生穗狀花序，花朵密集，花下有密生的苞片。

別名　鼠尾黃、香蘇、鼠筋紅、鳳尾黃、麥穗黃、麥穗紅、赤眼老母草、爵麻、筆尾紅、鼠尾紅、鳳尾紅。（客家名：香蘇、鼠尾紅）

穗狀花序生於頂端，可以長達3～7公分。

約15公分

一年生草本植物，莖直立或斜上，方形，具毛，多分枝。

用途

性寒、無毒，有抑菌、消炎解毒、利尿降壓、涼血止血、清熱消腫等功效，可治腰脊痠痛、感冒發熱、咳嗽、咽喉痛、口舌生瘡、腹水、肝硬化、蛋白尿、頸部淋巴結核。以鮮草搗敷，可治跌打損傷、疔瘡。注意：身體虛寒下痢者不宜服用，若非用不可，宜加一些收斂劑，諸如番石榴一類。

葉對生，卵狀橢圓形。

棲所：自生於山區、林下、荒野、路邊，或種植於藥用植物園、農業改良場 　　利用部分：全草

喬木及灌木　多年生草本　一年至二年生草本　其他

| 莧科 | 莧屬 | *Amaranthus viridis* L. |

野莧菜

　　一年生草本植物，繁殖力強，極能適應環境，低海拔常見，早期的農村社會常取用為野菜或用來餵豬，因此又有「豬莧」一稱。株高約50～80公分，全株光滑無毛，無刺。葉互生，具長柄，卵菱形或三角形，除主脈外，側脈多對而不明顯。春夏間開咖啡色穗狀花，頂生或腋生，苞片卵形，膜質，先端芒刺狀（但不會刺人），花被3片，無花瓣，有雄蕊2～3枚，結球形胞果（種子外面由一層膜狀果皮包覆），灰黑色。

特徵　這是無刺的「野莧」，外觀幾乎和栽培的一般莧菜一模一樣，都可摘取供食用，惟纖維較粗且開咖啡色花而已。同屬還有一種「刺莧」（*Amaranthus spinosus* L.），葉柄基部有一對尖銳的刺，也可供食用。

食用　在野外求生方面是極易取得的食物，取幼嫩莖葉或整株幼苗食用，生食味道稍苦，炒食、煮湯味道鮮美；莖似菜心，剝除外皮後切片用鹽醃漬或拌食，香脆可口；花穗也可油炸。全草含有豐富的維生素B、維生素C、鈣和鐵質，現在也有人搭配其他藥草或蔬果，榨汁飲用。

別名　綠莧、野莧、山荇菜、糖莧、豬莧、假菜莧、刺莧、鳥莧仔、細莧、糠莧、山菜。（客家名：野漢〈ㄏㄢ〉菜刺〈ㄋㄧㄝˋ〉）

一年生草本植物，全株無毛，與刺莧相似，但葉柄基部無銳刺，是常見的野外求生植物。

開咖啡色穗狀花，頂生或腋生。

莖直立，多為青綠色，有時呈淡紅色。

莖淡紅色

葉互生，具長柄，卵菱形或三角形。

約20公分

用途

性微寒、無毒，有清熱、解毒的功效，可治濕疹、小便不順、胃出血、十二指腸出血、痔瘡出血、眼疾目刺、下消症、癌腫、婦女白帶、經痛。外用搗敷，可治蛇咬、皮膚濕疹、癤腫膿瘍。

| 棲所：自生於山區、平野、路邊、河畔、荒廢地 | 利用部分：全草 |

莧科	藜屬	*Chenopodium ficifolium* Smith

小葉藜

　　一年生草本植物，是台灣田野中最常見到的植物，在舊農村時代，是一般貧窮人家的三餐美味。株高約30～60公分，莖直立，具多數分枝，有韌性而易折難斷，莖有四稜，綠色，分枝處有紅斑。葉為互生，有細長柄，葉片成三角狀、卵狀或三角狀橢圓形，為波狀鋸齒緣，葉背及嫩枝均具綠白色粉霜。夏秋間開灰綠色或粉紅色小花，密集成團，形成圓錐花序，有花被5片，雄蕊5枚。果實為胞果，有明顯的蜂窩狀網紋，裡面有細子，蒸爆取仁，可炊飯及磨粉食用。

特徵　葉波狀鋸齒緣，葉背及嫩枝有綠白色粉霜。莖有四稜，分枝處有綠色或粉紅色小花密集成團，組成圓錐花序。

食用　野外求生食物，幼苗、嫩莖、葉和花穗都是可口的野菜料理，可炒食或煮湯；種子可炊飯或磨粉食用，原住民還用種子釀酒。

別名　灰莧頭、灰滌菜、金鎖天、小葉灰藋、鹽菜、麻藸草、秋藜、狗尿菜。（客家名：鹽菜）

灰綠色小花密集成團，構成圓錐花序。

波狀鋸齒緣

多年生草本植物，直立性，具多數分枝。

約
30
公
分

葉背具白色粉霜

莖有四稜，節間有紅色條紋。

用途

性平、無毒，有解毒、去疳瘡、殺蟲、蝕瘜肉、去濕、解熱、緩瀉等功效，可治牙痛、腹痛、便祕、痔瘡、疥癬、齒蛀疼痛、皮膚搔癢。

棲所：自生於田中、荒廢地、山區、路邊、圳溝邊　　　　利用部分：全草

喬木及灌木　多年生草本　一年至二年生草本　其他

| 落葵科 | 洋落葵屬 | *Anredera cordifolia* (Ten.) Steenis |

洋落葵

　　肉質小藤本，全台均有種植，尤其中南部一帶，在台南亞洲蔬菜研究中心推廣之下，目前已有較大規模的經濟種植。莖蔓長，可達數公尺，有分枝，莖光滑，綠色。葉互生、卵圓形，肉質、全緣，深綠色，長4～6公分，寬4.5公分，先端漸尖，基部略心形，葉脈節上生瘤塊狀芽球。春天開白綠色小花，腋生，為長穗狀花序，長約20公分，下垂，花多數而密生，花冠5瓣。果為漿果，球形，熟時為暗黑紫色。

花冠5瓣

特徵　最奇特的地方就是芽球和花，發育完成後，葉脈節上會自然長出瘤塊狀的芽球。花開時，綠色小花掛滿約20公分的長穗，如串串風鈴般爬滿莖藤，因此又名「串花藤」。

食用　「炒川七」已成了有名又好吃的健康菜，可配薑絲以麻油炒食，有一種特別的黏滑感。

別名　川七、藤三七、藤子三七、串花藤。（客家名：雲南白藥、川七）

肉質小藤本植物，具塊根，莖多分枝且光滑。

約50公分

葉肉質，肥厚多汁，卵圓形。

開花時，長穗如串串風鈴般爬滿莖藤。

用途
性寒、無毒，有消腫、軟堅、散瘀、滋補等功效，可治病後體弱、尿毒症、糖尿、便祕、腰膝痠痛、腫毒、骨折、跌打損傷。跌打損傷更具療效，被視為傷科要藥。

| 棲所：種植於一般鄉下人家、藥園、植物研究單位 | 利用部分：葉及芽球 |

| 多孔菌科 | 靈芝屬 | *Ganoderma lucidum* (Curtis) P. Karst. |

芝

　　《本草綱目》說芝是一歲三華的瑞草，有人說生在剛處者曰菌，生在柔處者曰芝。以顏色來分，共分為青（生泰山）、赤（生霍山）、黃（生嵩山）、白（華山）、黑（生常山）、紫（生高夏山谷）等六種，一般株高很少超過30公分，生長多為一柱擎天，傘蓋（即寬度）多在30公分以內；目前台灣共有80餘種，在藥用上以赤芝、紫芝系統最佳。反之，鹿角靈芝藥效很差，以降血壓效果而言，尚不及十分成長靈芝的五分之一，菌傘十分成長而厚實者最具療效，目前台灣生產最多的是「松杉靈芝」，最具療效的是「紅豆杉芝」，次為「牛樟芝」。

特徵　芝的鑑別特徵屬於「顯微特徵」，必須藉助顯微鏡才能鑑別，光憑外形難以判別。此外，芝有一個很大的特性，就是菌絲無力或栽培條件惡劣下只會長出莖，而無法展開菌傘，即所謂鹿角靈芝。

別名　木靈芝、靈芝草、菌靈芝、赤芝、茵。（客家名：靈芝）

只會長出莖而無法展開菌傘者，稱為鹿角靈芝。

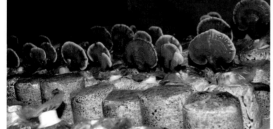

以顏色分，靈芝可分為青、赤、黃、白、黑、紫六種。

約50公分

目前台灣生產最多的是「松杉靈芝」

用途

　　一向被視為調理滋補的珍貴藥材，藥理研究也證實，靈芝具有增強免疫力、預防及抑制癌症、促進肝臟代謝能力、降血脂、降血糖、改善血液循環、促進細胞新陳代謝等功效。據醫書記載，六種顏色的靈芝久食都可延年益壽、輕身不老，其分別功效如下：青芝（一名龍芝），味酸、性平、無毒，可明目、補肝氣、安精魂、增長志氣；赤芝（一名丹芝），味苦、性平、無毒，益心氣補中、增智慧；黃芝（一名金芝），味甘、性平、無毒，益脾安神；白芝（一名玉芝、素芝），味辛、性平、無毒，益肺氣、通利口鼻、強志、安魄；。黑芝（一名玄芝），味鹹、性平、無毒，利水道、益腎氣、通九竅、聰察；紫芝（一名木芝），味甘、性溫、無毒，利關節、保神、益精氣、堅筋骨、好顏色。

| 棲所：原生於懸崖絕壁處或高級枯木上，現台灣已有人用太空包大量栽培 | 利用部分：全草 |

木耳科	木耳屬

木耳

　　常多個菌體聚生，無枝葉，子實體如人耳或杯狀，膠質半透明，有彈性，紅褐色或黑色，大者直徑可達12公分，一般較小者約7～8公分，子實體下面布滿極短的絨毛；下面茸毛較長的是毛木耳（*A. polytricha*）。子實體上表面的膠質層生有孢子，微小的孢子暴露在空氣中。以生長在古槐、桑樹上者最佳，柘木者次之。木耳屬木材腐朽菌，在台灣野外並不難發現，通常生長在死的闊葉樹樹幹或樹枝上，少數生長在針葉樹上，目前在台灣已經和靈芝一樣用太空包大量人工種植。

特徵　常多個菌體聚生，子實體如人耳或杯狀，膠質半透明，有彈性，紅褐色或黑色。一般在濕氣較重的樹林腐木上生長。

食用　一般以煮食最常見，也可製成丸劑、散劑或燉劑服食。無禁忌，唯下焦虛寒者，勿過量食用，但可煮麻油同食。木耳炒鳳梨是一道便宜實惠的時鮮，味美好吃。

別名　雲耳、木蛾、耳子、木檽、黑木耳、樹雞、木菌檽、木菌、木茸。（客家名：木米）

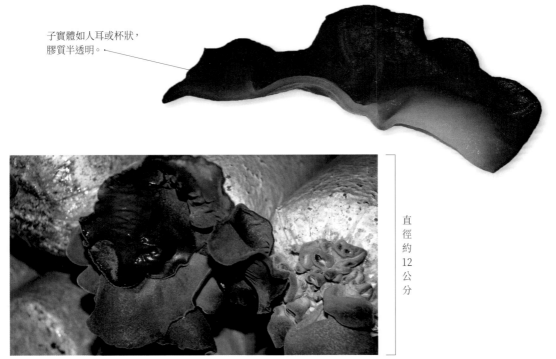

子實體如人耳或杯狀，膠質半透明。

直徑約12公分

大者直徑可達12公分，較小者約7、8公分

棲所：常腐生於枯乾的樹根或樹枝幹上或人工栽培

Auricularia auricula-judae (Bull.) Quél.

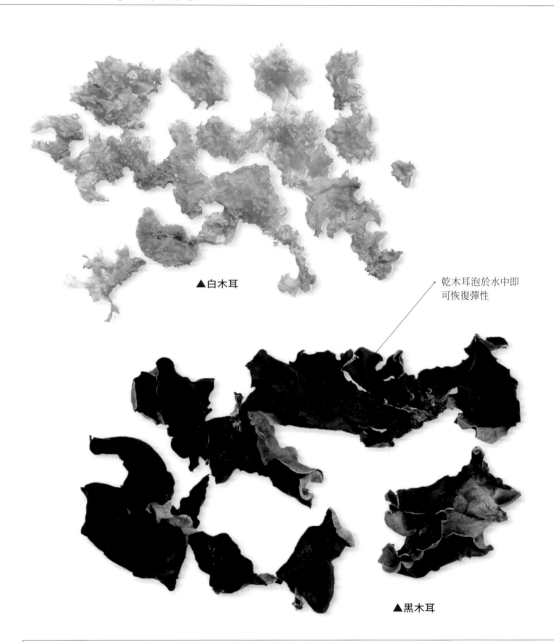

▲白木耳

乾木耳泡於水中即
可恢復彈性

▲黑木耳

用途

性平、有小毒，富含蛋白質、食用纖維素、維生素、鐵、鈣，具益氣、潤肺、輕身強志、養血、活血、止血等
功效，可治貧血、眼流冷淚、便祕，痔瘡出血、高血壓，血管硬化、眼底出血、月經過多，赤白帶下等症。

利用部分：全草

中名索引

學名索引

附錄：二十四節氣　青草茶配方

立春（國曆2月3或4或5日）

減肥茶（一）

材　料　女貞子、仙楂、金銀花、人參、決明子、甜菊、荷葉、白鶴靈芝、杜仲葉、銀杏葉、絞股藍（五葉蔘）、川七，適量。

作　法　將所有材料直接入鍋中，加適量的水，用武火煮開，再轉文火煮約一個小時，即可去渣飲用，藥渣還可以煮第二次。

適飲者　欲減重者。

雨水（國曆2月18或19或20日）

暖中安眠除濕茶

材　料　山奈花（野薑花）三至五朵、靈芝一錢（或甜菊少許）。

作　法　將所有材料放入茶壺中，用剛煮沸的開水2000至3000cc沖泡，約五至十分鐘後開始飲用，喝完再沖直至淡為止，和泡茶一樣。

適飲者　男女老幼皆宜，極適合常失眠體質者。

春
季

驚蟄（國曆3月5或6或7日）

迷香桔甜茶

材　料　迷迭香二錢、茅香一錢、甜菊五片、桔子一個。

作　法　將迷迭香、茅香、甜菊放入濾網中，桔子十字切成四片放入茶壺中，用剛煮沸的開水2000至3000cc沖泡，約五至十分鐘後開始飲用，喝完再沖直至淡為止，和泡茶一樣。

適飲者　任何體質者皆宜。

春分（國曆3月20或21或22日）

潤喉去脂茶

材　料　桔子一個、檸檬一片、香片或綠茶或烏龍半茶匙到一茶匙。

作　法　將桔子十字切成四片和檸檬放入茶壺中，香片或綠茶或烏龍放入濾網中，用剛煮沸的開水2000至3000cc沖泡，約五至十分鐘後開始飲用，喝完再沖直至淡為止，和泡茶一樣。

適飲者　欲消脂減肥者。

清明（國曆4月4或5或6日）

延年益壽茶

材　料　靈芝三至五錢、甘草五至六片、紅棗三至五個。

作　法　將所有材料放入茶壺中，用剛煮沸的開水2000至3000cc沖泡，約五至十分鐘後開始飲用，喝完再沖直至淡為止，和泡茶一樣。

適飲者　熱性體質者少喝，極適合寒涼體質者，可以改變體質。

春季

穀雨（國曆4月19或20或21日）

消腹茶

材　料　玫瑰花苞六朵（花三朵）、何首烏五錢、話梅三至五個、薄荷鮮葉三至五片。

作　法　將所有材料放入濾網中，用剛煮沸的開水2000至3000cc沖泡，約五至十分鐘後開始飲用，喝完再沖直至淡為止，和泡茶一樣。

適飲者　腹部多油脂者。

立夏（國曆5月5或6或7日）

清熱排毒消痰消渴茶

材　料　霧水葛三至五錢、蘋果葉五片（果實也可以，三至五錢）、香片或綠茶或烏龍半茶匙。

作　法　將蘋果葉放入茶壺中，其他材料放入濾網中，用剛煮沸的開水2000至3000cc沖泡，約五至十分鐘後開始飲用，喝完再沖直至淡為止，和泡茶一樣。

適飲者　男女老幼，任何體質皆宜。

小滿（國曆5月20或21或22日）

排毒、定神強身茶

夏季

材　料　蘋果葉六至十片，霧水葛二錢、靈芝七分。

作　法　將蘋果葉、靈芝放入茶壺中，霧水葛放入濾網中，用剛煮沸的開水2000至3000cc沖泡，約五至十分鐘後開始飲用，喝完再沖直至淡為止，和泡茶一樣。

適飲者　男女老幼皆宜。

芒種（國曆6月5或6或7日）

減肥茶（二）

材　料　檸檬草、馬鞭草、山楂、迷迭香各一錢。

作　法　將所有材料放入濾網中，用剛煮沸的開水2000至3000cc沖泡，約五至十分鐘後開始飲用，喝完再沖直至淡為止，和泡茶一樣。

適飲者　欲減肥去油脂者。

夏至（國曆6月20或21或22日）

舒活筋絡茶

材　料　三角柱仙人掌花一朵、冰糖（或甜菊葉三至五片）少許。

作　法　將所有材料放入茶壺中，用剛煮沸的開水2000至3000cc沖泡，約五至十分鐘後開始飲用，喝完再沖直至淡為止，和泡茶一樣。

適飲者　任何體質，尤其是便祕、血濁、高血壓者。

小暑（國曆7月6或7或8日）

清熱解毒散瘀茶

材　料　山礬（芸香）五錢、甘草六至十片。

作　法　將山礬、甘草放入濾網中，用剛煮沸的開水2000至3000cc沖泡，約五至十分鐘後開始飲用，喝完再沖直至淡為止，和泡茶一樣。

適飲者　孕婦忌飲用，其他皆宜。

大暑（國曆7月22或23或24日）

消暑益肝茶

材　料　咸豐草、長柄菊、甜珠仔草各三錢和紫背草、一枝香各一錢。

作　法　將所有材料放入濾網中，用剛煮沸的開水2000至3000cc沖泡，約五至十分鐘後開始飲用，喝完再沖直至淡為止，和泡茶一樣。

適飲者　男女老幼皆宜。

立秋（國曆8月7或8或9日）

消炎定喘止咳茶

材　料　六神草三錢、鳳尾草一錢、白茅根一錢、白肘骨消一錢。

作　法　將所有材料放入濾網中，用剛煮沸的開水2000至3000cc沖泡，約五至十分鐘後開始飲用，喝完再沖直至淡為止，和泡茶一樣。

適飲者　體虛畏寒者及孕婦勿用。

處暑（國曆8月22或23或24日）

清熱止喘益肺茶

材　料　曇花一朵、甜菊少許。

作　法　將曇花、冰糖放入茶壺中，用剛煮沸的開水2000至3000cc沖泡，約五至十分鐘後開始飲用，喝完再沖直至淡為止，和泡茶一樣。

適飲者　任何人都可飲用，尤其是肺火旺、有氣喘者。

白露（國曆9月7或8或9日）

清肝明目茶

材　料	決明子一匙。
作　法	將決明子放入濾網中，用剛煮沸的開水2000至3000cc沖泡，約五至十分鐘後開始飲用，喝完再沖直至淡為止，和泡茶一樣。
適飲者	男女老幼皆宜，尤其適合老人家。

秋分（國曆9月22或23或24日）

減肥茶（三）

材　料	普洱茶一匙、羅漢果一個、菊花一錢。
作　法	將普洱茶、菊花放入濾網中，羅漢果（壓碎）直接入壺中，用剛煮沸的開水2000至3000cc沖泡，約五至十分鐘後開始飲用，喝完再沖直至淡為止，和泡茶一樣。
適飲者	欲減肥去油脂者。

秋季

寒露（國曆10月7或8或9日）

健胃滋陰除虛茶

材　料	石斛五錢、甜菊葉三至五片。
作　法	將石斛、甜菊葉直接放入茶壺中，用剛煮沸的開水2000至3000cc沖泡，約五至十分鐘後開始飲用，喝完再沖直至淡為止，和泡茶一樣。
適飲者	任何人皆適用，尤其是脾胃稍弱者尤佳。

霜降（國曆10月23或24日）

減肥茶（四）

材　料	決明子一匙、山楂、丹蔘各一錢。
作　法	將所有材料放入濾網中，用剛煮沸的開水2000至3000cc沖泡，約五至十分鐘後開始飲用，喝完再沖直至淡為止，和泡茶一樣。
適飲者	欲減肥去油脂者。

立冬（國曆11月7或8日）

辟邪清香醒腦茶

冬季

材　料	茅香三至五錢、天麻三錢。
作　法	將茅香放入濾網中，天麻直接放入茶壺中，用剛煮沸的開水2000至3000cc沖泡，約五至十分鐘後開始飲用，喝完再沖直至淡為止，和泡茶一樣。
適飲者	任何人皆適用，尤其是有久年頭痛者。

小雪（國曆11月21或22或23日）

止嗽化痰蜜陳茶

材　料　蜜陳皮一至三兩。

作　法　視個人口味，將蜜陳皮一至三兩，放入約500cc的茶杯中，倒入即將冷卻的溫開水，十分鐘後就可飲用。

適飲者　痰多口嗽肺虛，有風感者。

大雪（國曆12月6或7或8日）

去寒除痰溫肺茶

材　料　老薑五片、紅棗五粒。

作　法　將老薑、紅棗直接放入茶壺中，用剛煮沸的開水2000至3000cc沖泡，約五至十分鐘後開始飲用，喝完再沖直至淡為止，和泡茶一樣。

適飲者　體熱者少服（熱性體質者）。

冬至（國曆12月21或22或23日）

去寒溫心茶

材　料　蘋果葉六至十片、老薑三至五片、甜菊葉五至十片（或用冰糖三、四塊）、紅棗七個、黑棗三個。

作　法　將蘋果葉、老薑、甜菊葉、紅棗、黑棗直接放入茶壺中，用煮沸的開水2000至3000cc沖泡，約五至十分鐘後開始飲用，喝完再沖直至淡為止，和泡茶一樣。

適飲者　任何體質者皆宜。

小寒（國曆1月5或6或7日）

順經潤膚活血茶

材　料　玫瑰二至三朵或花苞七至八個、冰糖或紅糖少許（或甜菊）。

作　法　將玫瑰、冰糖或紅糖放入茶壺中（花苞則放入濾網中），用煮沸的開水2000至3000cc沖泡，約五至十分鐘後開始飲用，喝完再沖直至淡為止，和泡茶一樣。

適飲者　一般婦女，孕婦忌用。

大寒（國曆1月19或20或21日）

散寒除溼溫經止痛茶

材　料　艾草和法國莧各三至五錢、靈芝一至二錢。

作　法　將靈芝放入茶壺中，艾草、法國莧放入濾網中，用剛煮沸的開水2000至3000cc沖泡，約五至十分鐘後開始飲用，喝完再沖直至淡為止，和泡茶一樣。

適飲者　脾胃虛寒、手腳冰冷、怕冷、月經常遲到者。

冬季

台灣自然圖鑑 008

《台灣傳統青草茶植物圖鑑》收錄常用青草茶植物 113 種，與 24 節氣獨家青草茶配方

YN7008

作　　　者	李幸祥
責任主編	李季鴻
協力編輯	莊雪珠、陳妍妏
校　　　對	李幸祥、莊雪珠、陳妍妏、黃瓊慧
繪　　　圖	林哲緯
影像協力	郭信厚、梁慧舟、鐘詩文
版面構成	張曉君
封面設計	林敏煌
行銷統籌	張瑞芳
行銷專員	段人涵
總編輯	謝宜英
出版者	貓頭鷹出版

發 行 人	涂玉雲
榮譽社長	陳穎青
發　　　行	英屬蓋曼群島商家庭傳媒股份有限公司城邦分公司
	104 台北市中山區民生東路二段 141 號 11 樓

劃撥帳號：19863813 ／戶名：書虫股份有限公司

城邦讀書花園：www.cite.com.tw ／購書服務信箱：service@readingclub.com.tw

購書服務專線：02-25007718 ～ 9（週一至週五上午 09:30-12:00；下午 13:30-17:00）

24 小時傳真專線：02-25001990 ～ 1

香港發行所　城邦（香港）出版集團／電話：852-28778606 ／傳真：852-25789337

馬新發行所　城邦（馬新）出版集團／電話：603-90563833 ／傳真：603-90576622

印 製 廠　中原造像股份有限公司

初　　　版　2020 年 9 月／三刷 2023 年 6 月

定　　　價　新台幣 790 元／港幣 263 元

ISBN　978-986-262-437-1

貓頭鷹

讀者意見信箱 owl@cph.com.tw

投稿信箱 owl.book@gmail.com

貓頭鷹臉書 facebook.com/owlpublishing/

【大量採購，請洽專線】 (02)2500-1919

城邦讀書花園
www.cite.com.tw

國家圖書館出版品預行編目 (CIP) 資料

台灣傳統青草茶植物圖鑑 (收錄常用青草茶
植物 113 種 , 與 24 節氣獨家青草茶配方) /
李幸祥作 . -- 初版 . -- 臺北市 : 貓頭鷹出版 :
家庭傳媒城邦分公司發行 , 2020.09
200 面 ; 16.8×23 公分
ISBN 978-986-262-437-1 (平裝)
1. 藥用植物　2. 青草藥　3. 植物圖鑑　4. 台灣

376.15025　　　　　　　　　109012558

月季

香林投

林投

芒

蓮

台灣蒲公英